病毒学高等教育系列教材（丛书主编：王健伟）

病毒学实验技术

邓　凯　主编

科学出版社

北　京

内 容 简 介

  病毒学实验技术是病毒学领域知识体系的重要组成部分。本书全面介绍了病毒学实验技术的发展历程、科学原理及其在现代医学和生命科学中的广泛应用。内容涵盖了病毒的分离鉴定、毒力测定、理化特性测定、中和试验、纯化及病毒载体的制备等，并特别强调了实验中的生物安全和防护措施。

  本书的编写是为了完善病毒学实验技术的理论体系，特别是在新兴病毒的研究和防控方面。本书通过对最新研究成果的系统整理和归纳，不仅提供了翔实的实验操作步骤，还探讨了各类实验技术在实际应用中的挑战和解决方案。本书通过丰富的实例和精确的实验操作，旨在为生命科学学院和医学院的本科生和研究生、病毒学研究者及生物医学领域的专业人士提供实用的技术支持和理论指导。

图书在版编目（CIP）数据

病毒学实验技术 / 邓凯主编. -- 北京：科学出版社，2025.3. -- ISBN 978-7-03-080644-4

Ⅰ. Q939.4-33

中国国家版本馆 CIP 数据核字第 20240CA261 号

责任编辑：刘　丹　刘　畅　马程迪 / 责任校对：严　娜
责任印制：肖　兴 / 封面设计：科地亚盟

科学出版社 出版

北京东黄城根北街 16 号
邮政编码：100717
http://www.sciencep.com

北京天宇星印刷厂印刷
科学出版社发行　各地新华书店经销

*

2025 年 3 月第 一 版　开本：787×1092　1/16
2025 年 3 月第一次印刷　印张：10 1/4
字数：243 000

定价：49.80 元

（如有印装质量问题，我社负责调换）

《病毒学实验技术》编委会

■ 主　编

邓　凯　中山大学

■ 编　者 （按姓氏笔画排序）

丁　强　清华大学
邓　凯　中山大学
朱　应　武汉大学
朱　勋　中山大学
乔文涛　南开大学
庄　敏　哈尔滨医科大学
陈耀庆　中山大学
施　莽　中山大学
徐　可　武汉大学
郭　宇　南开大学
郭　丽　中国医学科学院病原生物学研究所
郭　斐　中国医学科学院病原生物学研究所
郭德银　广州国家实验室
谈　娟　南开大学
梁　浩　广西医科大学
彭　珂　中国科学院武汉病毒研究所

丛 书 序

在浩瀚的自然界中，病毒这一微小而强大的生命形态，以其独特的存在方式，深刻地影响着从微观世界到宏观生态系统的每一个角落。它们既是生命的挑战者，也是生物进化的重要推手。在生命科学这片广袤的天地里，病毒学作为一门交叉融合、日新月异的学科，不仅揭示了病毒的内在奥秘，更为医学、动物学、植物学、昆虫学及微生物学等多个领域带来了革命性的进展与应用。新冠病毒感染、非洲猪瘟、禽流感等疫情的肆虐，更进一步强调了发展病毒学科、加强病毒学人才培养的迫切性。

面对全球健康挑战与生命科学的快速发展，我国病毒学领域的高等教育亟需一套系统全面、紧跟时代步伐的教材。为贯彻党的二十大精神，落实习近平总书记关于教育的重要指示及落实立德树人根本任务，我们携手国内近70所高校及科研院所，共同编纂了这套旨在满足新时代病毒学专业人才培养需求的高质量系列教材。

本套病毒学系列教材全面覆盖病毒学总论、医学病毒学、动物病毒学、植物病毒学、昆虫病毒学、微生物病毒学及病毒学实验技术七大核心知识领域。以"病毒学领域教学资源共享平台"知识图谱为基础，构建教材知识框架，将基础知识与最新的科研成果和学术热点相结合，有利于学生系统、多维、立体地完善自身病毒学知识体系，激发他们对病毒学领域的兴趣，并培养他们的创新思维。

为满足信息时代教学和人才培养的需要，全套教材采用纸质教材与数字教材（资源）相结合的形式，极大地丰富了教学方式，提升了学习体验。知识图谱、视频、音频、彩图和虚拟仿真实验等数字资源的引入，不仅提高了教学效率，还增强了学习的互动性和趣味性，有助于学生在实践中深化对理论知识的理解。

作为病毒学领域的专业核心教材，本套教材汇聚了国内顶尖专家学者的智慧与心血，确保了内容的权威性、准确性，具有指导意义，不仅适用于本科生的"微生物学"和"病毒学"

课程，也为研究生及未来从事病毒学、微生物学、医学、兽医、农业科技等领域工作的专业人才提供了宝贵的知识储备。

我们相信，本套病毒学系列教材的出版，将有力推动我国病毒学教育事业的发展，助力提升我国高等教育人才自主培养质量，为战略性新兴领域产业人才培养提供有力支撑。

王健伟

北京协和医学院

2024 年 9 月

前　言

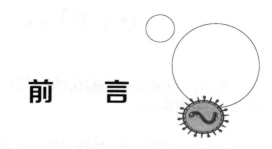

　　随着生命科学和医学的飞速发展，病毒学作为关键学科之一，其研究的重要性日益凸显。21 世纪以来，多种新发、再发病毒性传染病频繁出现，广泛传播，在全球范围严重危害人类健康，对经济社会发展造成深远影响，更进一步凸显了病毒学基础研究的重要性。病毒学研究的发展不仅依赖于理论上的突破，更需要实践中的探索和验证。病毒学高等教育系列教材全面覆盖病毒学总论、医学病毒学、动物病毒学、植物病毒学、昆虫病毒学、微生物病毒学及病毒学实验技术七大核心知识领域。本书作为该系列中的实验教材，系统地介绍了病毒学实验技术的基本原理和详细操作方法，覆盖了从病毒的基本生物学特性到其在医学研究中的应用。本书希望通过对病毒分离、鉴定、生物安全及现代分子生物学技术应用等多方面的深入探讨，帮助读者进一步理解病毒的复杂性及其与宿主间的相互作用，同时也为应对全球性病毒性疾病挑战的科研人员提供一份实用指南。

　　本书不仅是一本实验技术指南，更力图启发年轻的病毒学研究人员积极投身病毒学研究实践。在编写过程中，作者团队参考了大量国内外文献，结合自身多年的研究经验，力求做到内容丰富、条理清晰、操作性强。书中每一章节都经过精心编排，内容涵盖面广，从基础实验技术到高级分析手段均有详尽描述。我们期待，通过对本书的学习和应用，读者能够在病毒学研究中取得新的突破，并为人类健康事业做出贡献。

　　本书的编写得到了多位专家和学者的指导和支持，在此谨向所有为本书付出辛勤劳动的人员表示衷心的感谢。同时，我们也热切期待广大读者在使用本书的过程中，能够提出宝贵的意见和建议，以便我们在未来的修订中不断完善。希望通过本书的出版，能够激发更多读者投身于病毒学研究，并为社会公共卫生安全贡献力量。

邓　凯

2024 年 11 月于广州

《病毒学实验技术》教学课件申请单

凡使用本书作为授课教材的高校主讲教师，可获赠教学课件一份。欢迎通过以下两种方式之一与我们联系。

1. 关注微信公众号"科学 EDU"申请教学课件

扫码关注→"课件样书"→"科学教育平台"

2. 填写以下表格，扫描或拍照发送至联系人邮箱

姓名：		职称：		职务：	
手机：		邮箱：		学校及院系：	
本门课程名称：			本门课程选课人数：		
您对本书的评价及修改建议：					

联系人：刘丹 编辑　　　　电话：010-64004576　　　　邮箱：liudan@mail.sciencep.com

目　录

丛书序

前　言

第一章　病毒学实验技术概论 ……………………………………………… 1

　第一节　病毒学常用实验技术简介 ………………………………………… 1

　　一、病毒的分离与鉴定 ………………………………………………… 1

　　二、病毒毒力测定 ……………………………………………………… 2

　　三、病毒理化特性测定 ………………………………………………… 2

　　四、病毒中和试验 ……………………………………………………… 2

　　五、病毒纯化 …………………………………………………………… 2

　　六、病毒载体 …………………………………………………………… 2

　第二节　病毒生物安全和防护技术 ………………………………………… 3

　　一、实验室的分级及病原微生物分类 ………………………………… 3

　　二、实验人员个人防护要求 …………………………………………… 3

　　三、实验人员消毒灭菌应遵循的原则 ………………………………… 4

　　四、实验室常用消毒剂 ………………………………………………… 4

　　五、实验室常用消毒灭菌方法 ………………………………………… 6

　　六、实验操作过程中的应急处置预案 ………………………………… 8

　　七、生物安全柜内操作要求 …………………………………………… 8

　本章思考题 …………………………………………………………………… 9

　主要参考文献 ………………………………………………………………… 9

第二章　病毒的培养与收获 …………………………………………………… 11

　第一节　病毒的鸡胚接种、培养和收获 ………………………………… 11

一、病毒卵黄囊接种的方法及培养和收获 ·· 12

二、尿囊绒毛膜接种 ·· 13

三、鸡胚尿囊腔接种 ·· 15

第二节 病毒的原代细胞接种、培养和收获 ····································· 16

一、原代细胞的培养 ·· 16

二、病毒的接种与培养 ·· 18

三、病毒的收获 ·· 18

第三节 病毒的传代细胞接种、培养和收获 ····································· 18

一、贴壁接种 ·· 19

二、细胞悬浮接种 ·· 19

三、病毒液的收获 ·· 19

本章思考题 ··· 19

主要参考文献 ··· 19

第三章 病毒的浓缩与纯化 ··· 21

第一节 物理法 ··· 21

一、超速离心法 ·· 21

二、吸附法 ·· 24

三、电泳法 ·· 24

四、超滤法 ·· 25

第二节 化学法 ··· 25

一、中性盐沉淀法 ·· 25

二、聚乙二醇沉淀法 ·· 26

三、有机溶剂沉淀法 ·· 26

四、等电点沉淀法 ·· 27

五、两相溶剂间分配系数法 ·· 27

第三节 层析法 ··· 28

一、离子交换层析 ·· 28

二、分子筛层析 ·· 29

三、亲和层析 ·· 30

本章思考题 ··· 31

主要参考文献 ··· 31

第四章 病毒致细胞病变效应观察 ····································· 33

第一节 噬斑 ··· 34

一、噬斑测定的原理 ·· 34

　　　二、噬斑形成试验和观察方法（双层琼脂平板法）……………………… 34

　第二节　空斑 …………………………………………………………………… 35
　　　一、空斑形成试验的原理 ………………………………………………… 35
　　　二、空斑形成试验和观察方法（以小鼠肝炎病毒为例）……………… 35

　第三节　病毒包涵体 …………………………………………………………… 36
　　　一、吉姆萨染色的原理 …………………………………………………… 37
　　　二、病毒包涵体形成试验和观察方法 …………………………………… 37

　第四节　合胞体 ………………………………………………………………… 38
　　　一、合胞体形成的原理 …………………………………………………… 38
　　　二、合胞体形成试验和观察方法 ………………………………………… 38

　本章思考题 ……………………………………………………………………… 38

　主要参考文献 …………………………………………………………………… 39

第五章　病毒的红细胞凝集试验和红细胞凝集抑制试验 …………………… 40
　第一节　红细胞吸附试验 ……………………………………………………… 40
　　　一、病毒易感细胞培养 …………………………………………………… 41
　　　二、接种病毒 ……………………………………………………………… 41
　　　三、红细胞吸附 …………………………………………………………… 41
　　　四、结果观察和判断 ……………………………………………………… 41

　第二节　红细胞凝集试验 ……………………………………………………… 41
　　　一、红细胞悬液制备 ……………………………………………………… 42
　　　二、病毒液的倍比稀释 …………………………………………………… 42
　　　三、加入红细胞悬液 ……………………………………………………… 43
　　　四、结果观察和判断 ……………………………………………………… 43

　第三节　红细胞凝集抑制试验 ………………………………………………… 44
　　　一、实验前准备 …………………………………………………………… 44
　　　二、血清的倍比稀释 ……………………………………………………… 44
　　　三、加入病毒液 …………………………………………………………… 45
　　　四、加入红细胞悬液 ……………………………………………………… 45
　　　五、结果观察和判断 ……………………………………………………… 45

　本章思考题 ……………………………………………………………………… 45

　主要参考文献 …………………………………………………………………… 46

第六章　病毒定量及感染力测定 ……………………………………………… 47
　第一节　空斑形成单位的计算 ………………………………………………… 48

一、基本概念和实验原理 ··· 48

二、实验前准备 ·· 48

三、实验方法（以 6 孔细胞板为例） ······································· 48

四、实验结果 ·· 49

第二节　半数组织培养感染量（TCID$_{50}$）的计算 ································· 49

一、基本概念和实验原理 ··· 49

二、实验前准备 ·· 49

三、实验方法（以 40 孔塑料组织培养板接种为例） ················· 49

四、实验结果 ·· 50

第三节　鸡胚半数感染量（EID$_{50}$）的计算 ································· 51

一、基本概念和实验原理 ··· 51

二、实验前准备 ·· 51

三、实验方法（以流感病毒为例） ······································· 51

第四节　半数致死量（LD$_{50}$）的计算 ································· 52

一、基本概念和实验原理 ··· 52

二、实验前准备 ·· 52

三、实验方法 ·· 52

四、实验结果 ·· 52

第五节　血凝单位（HAU）的计算 ································· 53

一、基本概念和实验原理 ··· 53

二、实验前准备 ·· 53

三、实验方法 ·· 53

四、实验结果 ·· 53

本章思考题 ·· 54

主要参考文献 ·· 54

第七章　病毒检测技术 ·· 55

第一节　基因组检测 ·· 55

一、核酸电泳 ·· 55

二、核酸杂交 ·· 58

三、核酸扩增 ·· 61

四、基因芯片 ·· 64

五、基因测序 ·· 65

第二节　抗原检测 ·· 67

一、免疫荧光技术 ·· 67

二、酶联免疫吸附分析 ··· 68

　　　　三、颗粒凝集试验 ·· 70

　　　　四、蛋白质印迹法 ·· 71

　　　　五、免疫亲和层析法 ·· 73

　　　　六、放射免疫分析 ·· 74

　第三节　抗体检测 ··· 77

　　　　一、中和试验 ·· 77

　　　　二、红细胞凝集抑制试验 ··· 77

　　　　三、补体结合试验 ·· 77

　　　　四、酶联免疫吸附分析 ··· 79

　　　　五、蛋白质印迹法 ·· 80

　　　　六、免疫放射分析 ·· 80

　第四节　指示细胞系技术 ·· 81

　　　　一、指示细胞系技术平台的建立 ·································· 82

　　　　二、指示细胞系的应用 ··· 84

　本章思考题 ··· 84

　主要参考文献 ··· 84

第八章　病毒中和试验 ·· 86

　第一节　基本原理 ··· 86

　第二节　测定方法 ··· 87

　　　　一、终点法中和试验 ·· 87

　　　　二、空斑减数法中和试验 ··· 89

　　　　三、交叉保护法中和试验 ··· 90

　本章思考题 ··· 91

　主要参考文献 ··· 91

第九章　病毒的电子显微镜观察 ·· 92

　第一节　扫描电子显微镜 ·· 92

　　　　一、样品制备 ·· 93

　　　　二、扫描电子显微镜拍摄与分析 ································· 93

　第二节　透射电子显微镜 ·· 93

　　　　一、病毒样品的超薄切片技术 ··································· 94

　　　　二、负染色病毒样品透射电子显微成像 ······················ 95

　　　　三、病毒免疫电镜技术 ··· 96

　　　　四、病毒样品的冷冻电镜技术 ··································· 97

第三节　扫描透射电子显微镜··· 100
　　一、样品制备 ··· 100
　　二、透射电子显微镜观察 ··· 101

本章思考题 ··· 101

主要参考文献 ··· 101

第十章　病毒成像示踪技术 ··· 102

第一节　病毒的荧光蛋白成像示踪 ··· 103
　　一、荧光蛋白概述 ··· 103
　　二、常见荧光蛋白简介 ··· 103
　　三、病毒蛋白融合荧光蛋白的策略及案例 ··· 104

第二节　病毒的量子点成像示踪 ··· 106
　　一、量子点概述 ··· 106
　　二、量子点标记病毒的策略 ··· 106

本章思考题 ··· 109

主要参考文献 ··· 109

第十一章　工程病毒载体 ··· 110

第一节　腺病毒载体 ··· 111
　　一、腺病毒概述 ··· 111
　　二、腺病毒载体研究概况 ··· 111
　　三、复制缺陷型、复制型和靶向性重组腺病毒载体 ····································· 111
　　四、常用复制缺陷型重组腺病毒包装系统 ··· 112
　　五、实验方案 ··· 113
　　六、注意事项 ··· 114

第二节　杆状病毒载体 ··· 114
　　一、杆状病毒分类 ··· 114
　　二、杆状病毒生物学特性 ··· 114
　　三、杆状病毒载体概述 ··· 115
　　四、常用杆状病毒表达系统的构成 ··· 116
　　五、实验方案 ··· 117
　　六、注意事项 ··· 117

第三节　腺相关病毒载体 ··· 117
　　一、腺相关病毒概述 ··· 117
　　二、腺相关病毒载体概述 ··· 118
　　三、腺相关病毒包装系统 ··· 118

　　　　四、实验方案 ·· 118

　　　　五、注意事项 ·· 119

　第四节　逆转录病毒载体与慢病毒载体 ····························· 119

　　　　一、逆转录病毒与慢病毒概述 ······························· 119

　　　　二、γ-逆转录病毒载体概述 ································· 120

　　　　三、慢病毒载体概述 ··· 120

　　　　四、逆转录病毒和慢病毒包装系统 ··························· 120

　　　　五、实验方案 ·· 121

　　　　六、注意事项 ·· 122

　第五节　痘病毒载体 ··· 122

　　　　一、痘病毒概述 ··· 122

　　　　二、痘病毒载体概述 ··· 122

　　　　三、痘病毒包装系统 ··· 123

　　　　四、实验方案 ·· 123

　　　　五、注意事项 ·· 125

　第六节　RNA 病毒反向遗传学技术 ································· 125

　　　　一、RNA 病毒反向遗传学概述 ······························· 125

　　　　二、RNA 病毒反向遗传系统的构建原则 ······················ 126

　　　　三、寨卡病毒反向遗传系统 ································· 127

　　　　四、实验方案 ·· 127

　　　　五、注意事项 ·· 128

　本章思考题 ·· 128

　主要参考文献 ·· 129

第十二章　病毒抗原制备 ·· 130

　第一节　病毒抗原概述 ·· 130

　　　　一、病毒抗原及其应用 ······································· 130

　　　　二、病毒抗原的制备历史 ····································· 131

　第二节　病毒抗原制备技术 ·· 132

　　　　一、病毒抗原表达系统 ······································· 132

　　　　二、病毒抗原的纯化技术 ····································· 135

　本章思考题 ·· 137

　主要参考文献 ·· 137

第十三章　病毒基因组的生物信息学分析 …………………………………… 139

第一节　病毒组学分析和新病原发现 ………………………………… 139

一、病毒宏基因组的数据处理和组装 ……………………… 139

二、病毒的发现和分类 ……………………………………… 140

三、病毒基因组的完善与功能注释 ………………………… 141

四、病毒组的生态学比较 …………………………………… 142

第二节　病毒的进化分析 …………………………………………… 142

一、病毒进化树的构建 ……………………………………… 143

二、病毒基因组的重组分析 ………………………………… 143

三、病毒适应性进化分析 …………………………………… 144

四、病毒和宿主间相互关系分析 …………………………… 144

第三节　病毒的生态学和分子流行病学分析 ……………………… 144

一、分子钟模型的检验和分歧时间的估计 ………………… 144

二、地理传播分析 …………………………………………… 145

三、病毒的种群遗传学分析 ………………………………… 146

本章思考题 …………………………………………………………… 147

主要参考文献 ………………………………………………………… 147

第一章　病毒学实验技术概论

◉ 本章要点

1. 通过梳理病毒学实验技术的发展脉络、科学基石及了解其在现代医学、生命科学领域的广泛应用，深刻认识病毒学基础研究的重要性。
2. 通过深入理解和熟练掌握病毒分离、鉴定、纯化等一系列精细的实验技术，为后续的病毒学研究、疫苗开发、抗病毒药物研制奠定坚实而可靠的基础。
3. 深入了解病毒学实验中的生物安全等级划分、个人防护装备的规范使用，以及熟练掌握应急处置流程，为实验人员提供必要的安全保障，确保实验过程的安全性与合规性。

病毒学实验技术是病毒学领域知识体系的重要组成部分。病毒学作为一门实践性极强的学科，其相关实验技术的发展不仅促进了本学科的进步，也极大地带动了医学和生命科学众多领域的发展。在学科演进过程中，病毒学实验技术已形成鲜明的特点和完整的理论与实践体系，成为病毒学专业人才培养不可或缺的关键一环。病毒学实验技术涉及多学科的运用，包括病毒学、细胞学、动物学、光学、物理学、化学、免疫学、分子生物学等。同时，在从事与病毒毒种及病毒性疾病样品有关的研究、教学、检测、诊断等活动时，应当严格遵守国家生物安全相关法律、法规和有关国家标准和实验室技术规范、操作规程，在符合相应生物安全要求的实验室中开展。

第一节　病毒学常用实验技术简介

一、病毒的分离与鉴定

病毒的分离与鉴定为病毒感染提供直接的病原学证据，并提供病毒学研究所需的材料。敏感细胞系、鸡胚或实验动物可用于病毒分离，通过细胞、鸡胚或者动物所出现相应的病变来判断病毒分离成功与否。经分离技术获取的毒株，

分离病毒

需要通过免疫学方法（血清中和试验、血凝抑制试验、凝集试验、免疫标记技术等）、分子生物学方法[聚合酶链反应（PCR）技术、核酸杂交技术、DNA 芯片技术、基因组序列分析等]、电子显微镜直接观察等方法加以鉴定。

二、病毒毒力测定

经病毒分离技术获得的毒株，需进一步检测其毒力来判断毒株的可利用价值，常规方法有空斑形成试验、血凝试验、干扰滴定、50%终点法。其中 50%终点法包含半数感染量（ID_{50}）和半数致死量（LD_{50}）的测定。

三、病毒理化特性测定

明确病毒的理化特性，是病毒鉴定的重要依据。核酸型鉴定是病毒理化特性测定的最主要指标，于病毒培养物中添加氟脱氧尿苷或类似物，观察病毒复制抑制情况来判断是 DNA 还是 RNA 病毒；利用绿豆核酸酶可降解单链核酸的特性来鉴定病毒核酸是单链还是双链。病毒粒子大小测定方法包括电子显微镜直接观察、超速离心沉淀、滤过试验等。利用乙醚、氯仿、脱氧胆酸钠等脂溶剂能破坏病毒脂质包膜的特性可进行脂溶剂敏感性试验。同时耐酸性试验、耐热性试验、胰蛋白酶敏感试验可用于病毒的耐酸、耐热、蛋白酶敏感特性分析。

四、病毒中和试验

病毒中和试验利用抗原抗体反应的原理，用于病毒滴度或血清抗体滴度的测量，实验方法有简单定性试验、终点法中和试验（包含固定血清-稀释病毒法与固定病毒-稀释血清法）、空斑减少法等，可用于疾病诊断、病毒株的鉴定、疫苗免疫原性评价、免疫血清的质量评价等。

五、病毒纯化

以保持病毒的生物活性和感染性为前提，去除其他杂质，获得高纯度的病毒，即病毒纯化。可采用生物学、化学、物理、层析等方法对病毒进行纯化。生物学方法包括病毒蚀斑法、病斑分离法、鸡胚终点稀释法、细胞克隆法等。化学法包括聚乙二醇沉淀法、中性盐沉淀法、有机溶剂沉淀法、等电点沉淀法等。物理法包括超滤法、超速离心法、吸附法、电泳法等。层析法包括离子交换层析、亲和层析、分子筛层析等。

六、病毒载体

将重组对象的目的基因插入载体，实现遗传物质的重新组合，并在工程菌（或细胞）内复制表达，即基因工程技术。病毒可作为载体，接受目的基因的载入，从而转染工程菌（或细胞），应用于基础研究、基因疗法或疫苗研发。目前使用较多的病毒载体为逆转录病毒载体、腺病毒载体、腺相关病毒载体、杆状病毒载体、慢病毒载体等。

第二节 病毒生物安全和防护技术

一、实验室的分级及病原微生物分类

生物安全实验室的分级主要依据感染性微生物的相对危害程度进行划分。根据实验室生物安全相关国家强制标准，生物实验室分为四个等级：生物安全一级实验室、生物安全二级实验室、生物安全三级实验室、生物安全四级实验室，其中一级为最低等级，四级为最高等级。

国家根据病原微生物的传染性、感染后对个体或者群体的危害程度，将病原微生物按照危害程度从高到低分为四类。第一类病原微生物是能够引起人类或者动物非常严重疾病的微生物及我国尚未发现或者已经宣布消灭的微生物。第二类病原微生物能够引起人类或者动物严重疾病，比较容易直接或者间接地在人与人、动物与人、动物与动物间传播。第三类病原微生物具有中等个体危险和有限群体危险；可感染发病，但对健康工作者、群体、家畜或环境不会引起严重的危害；实验室暴露很少引起严重疾病，有有效治疗和预防措施，并且传播危险有限。第四类病原微生物是对个体和群体低危险，不能导致健康工作者和动物致病的细菌、真菌、病毒和寄生虫等（非致病生物因子）。

对照《人间传染的病原微生物目录》要求，按照实验室的分级和拟开展的病原微生物分类选择合适的生物安全等级实验室开展相关实验操作，以确保实验室工作人员和公众的安全。

二、实验人员个人防护要求

根据各实验室生物安全等级要求，正确佩戴和脱除个人防护用品。佩戴的防护用品有一次性医用外科口罩（或 KN95 口罩）、一次性乳胶手套、工作服、一次性医用帽子、一次性鞋套、连体服等。

在对可能直接或意外接触到体液及其他具有潜在感染性的材料进行操作时，为了防止眼睛或者面部接触到泼溅物，应佩戴防泼溅的 N95 口罩、护目镜、面屏等防护用品。

一旦在实验中发生手套破损或手套被感染性物品污染应立即更换新手套；发生其他事故，如皮肤划破，感染性材料溅到皮肤、眼睛等部位，应立即按照实验室应急处置预案进行处理。

在生物安全柜内完成操作后，须在安全柜内摘除手套，更换新手套后再进行实验室消毒工作。离开实验室工作区域前，必须清洗双手。

严禁穿着实验室工作服、戴着手套离开实验室；禁止在实验室工作区域进食、饮水、吸烟、化妆和处理隐形眼镜；禁止在实验室工作区域储存食品和饮料。

三、实验人员消毒灭菌应遵循的原则

（一）及时消毒

1. 紧急事故污染处理　实验时如果发现微生物污染了实验环境应立即停止实验，进行消毒处理，如实验室被空气和气溶胶传播的微生物污染，应立即关闭实验室进行消毒处理。

2. 物品与废弃物处理　物品在带出实验室前，应进行彻底的灭菌，如实验室产生的废弃物需进行高压灭菌。对于不能灭菌的样品，需采取有效可靠的灭活方法对其进行彻底灭活。

3. 实验环境终末消毒　实验结束后应立即对实验环境进行消毒处理，擦洗、消毒工作台面、地面，开启紫外线灯等照射 30min～1h 及以上，并且实验人员在实验结束后，应立即清洗、消毒双手。

（二）彻底消毒

1. 全面彻底消毒措施　对需消毒的物品立即采取彻底的消毒措施，不留死角。用消毒剂浸泡消毒时要保证被消毒物品全部浸泡在消毒剂中。用消毒剂擦拭消毒时，要保证所有要消毒的表面都被均匀地擦拭到。

2. 消毒对象评估　需要根据实验情况全面考虑消毒对象，包括实验器材、实验样品、实验环境（包括台面、地面、墙壁、空气）、人员（人体及防护用品等）等。

（三）有效消毒

1. 选择适宜的消毒和灭菌方法　要根据消毒对象和微生物的种类选择合适的消毒和灭菌方法。对受到一般细菌和病毒等污染的物品，可选用中水平或低水平消毒法。当消毒物品上微生物污染特别严重时，应加大消毒剂的使用浓度和/或延长消毒作用时间。

2. 确保消毒产品的合规性和正确使用　采用的消毒器械和消毒剂应有国家卫生健康委员会卫生许可批件，消毒产品在有效期内使用。应按照说明书标识的作用浓度（或强度）、作用时间和作用方法进行消毒操作。使用中的消毒剂应按要求及时更换。

3. 定期验证消毒或灭菌效果　应定期测定消毒、灭菌设备的消毒或灭菌效果（高压灭菌器采用嗜热脂肪芽孢杆菌验证）。大型消毒、灭菌设备在正式使用前和大修后应通过有资质的检验机构检测，证明可以安全、有效使用。

四、实验室常用消毒剂

（一）乙醇

1. 特性　分子式为 C_2H_5OH，分子量为 46.07，无色透明液体。乙醇属中效消毒剂，具有速效、低毒、对皮肤黏膜有刺激性、对金属无腐蚀性、杀菌效果受有机物影响很大、易挥发、不稳定等特点。

2. 适用范围 适用于皮肤、环境表面、仪器表面、生物安全柜台面及实验动物器械等的消毒。

3. 使用方法

（1）浸泡法 将待消毒的物品放入装有乙醇溶液的容器中，加盖。对细菌繁殖体污染的物品消毒，用75%乙醇溶液浸泡10min以上。

（2）擦拭法 对皮肤、仪器外部、物体表面的消毒，用75%乙醇擦拭。

（二）含氯消毒剂

1. 特性 含氯消毒剂是指溶于水后能产生次氯酸的消毒剂，最常用的有次氯酸钠。含氯消毒剂属高效消毒剂，具有广谱、高效、低毒、有刺激性气味、对金属有腐蚀性、对织物有漂白作用、杀菌效果受有机物影响很大、消毒液不稳定等特点。次氯酸钠的分子式为$NaOCl$，分子量为74.5，有效氯含量大于10%（m/m）。

2. 适用范围 适用于玻璃器皿、物体表面、环境地面、墙面、污水、排泄物、分泌物等的消毒。

3. 使用方法

（1）消毒液配制 根据不同含氯消毒剂产品的有效氯含量，用自来水将其配制成所需要浓度溶液。

（2）消毒处理 常用的消毒方法有浸泡法、擦拭法、喷洒法等。①浸泡法：将待消毒的物品放入装有含氯消毒剂溶液的容器中，加盖。对细菌繁殖体污染的物品，用含有效氯1000mg/L的消毒液浸泡10min以上消毒；对细菌芽孢污染的物品，用含有效氯1000mg/L的消毒液浸泡30min以上消毒。②擦拭法：对大件物品或其他不能用浸泡法消毒的物品用擦拭法消毒。③喷洒法：对一般污染的物品表面，用含有效氯500～1000mg/L的消毒液均匀喷洒，作用30min以上；对细菌芽孢污染的物品，用含有效氯5000mg/L的消毒液均匀喷洒，作用30min以上。喷洒后有强烈的刺激性气味，人员应离开现场。

4. 注意事项 粉剂应于阴凉处避光防潮、密封保存；水剂应于阴凉处避光、密封保存。所需溶液应现配现用。

（三）过氧乙酸

1. 特性 分子式为$C_2H_4O_3$，分子量为76.06，为无色透明弱酸性液体，易挥发，有很强的挥发性气味，腐蚀性强，有漂白作用。性质不稳定。可杀灭细菌繁殖体、真菌、病毒、细菌芽孢。过氧乙酸属于高效消毒剂，具有广谱、高效、低毒、对金属及织物有腐蚀性、受有机物影响大、稳定性差等特点，其浓度为16%～20%（g/100mL）。

2. 适用范围 适用于耐腐蚀物品灭菌、实验室环境及空气等的消毒。

3. 使用方法

（1）消毒液的配制 过氧乙酸一般为二元包装，A液一般为冰醋酸液和硫酸的混合液，B 液为过氧化氢，使用前按产品使用说明书要求将 A、B 两液混合后产生过氧乙酸。在室温放置 24~48h 后即可使用。

（2）消毒处理　　常用消毒方法有喷雾法、浸泡法、擦拭法、喷洒法等。①喷雾法：用气溶胶喷雾器以过氧乙酸浓度为 0.1%~0.5%（1000~5000mg/L），20mL/m³ 的用量对室内空气和物体表面进行喷雾消毒，作用 1h。②浸泡法：将清洗、沥干的待消毒物品浸没于装有 0.2%~0.5%过氧乙酸的容器中，加盖，浸泡 30min。③擦拭法：对大件物品或其他不能用浸泡法消毒的物品用 0.2%~0.5%过氧乙酸擦拭，作用 30min。④喷洒法：对一般污染的物品表面用 0.2%~0.5%过氧乙酸消毒，作用 30~60min。

4. 注意事项

1）过氧乙酸不稳定，应贮存于通风阴凉处，用前应测定有效含量，原液浓度低于 12%时禁止使用。

2）稀释液临用前配制，配制溶液时，忌与碱或有机物相混合。

3）过氧乙酸对金属有腐蚀性，金属制品与织物浸泡消毒后，及时用清水冲洗干净。

（四）过氧化氢

1. 特性　　分子式为 H_2O_2，俗称双氧水，水溶液为无色透明液体，溶于水、醇、乙醚，不溶于苯、石油醚。过氧化氢对有机物有很强的氧化作用。

2. 适用范围　　主要适用于物体表面擦拭、密闭环境内空间喷雾、熏蒸消毒等。

3. 使用方法

1）1.5%~6%过氧化氢可供物体表面擦拭消毒，密闭环境内空间喷雾消毒作用 60min。

2）30%过氧化氢可供熏蒸消毒，用过氧化氢熏蒸灭菌器对实验室进行终末消毒。

4. 注意事项　　对金属有腐蚀作用，在对设备表面消毒时，注意使用浓度的控制。

（五）消毒剂浓度稀释配制计算法

消毒剂原液和加工剂型一般浓度较高，在实际应用中，必须根据消毒的对象和目的加以稀释，配制成适宜浓度使用，才能收到良好的消毒灭菌效果。稀释配制计算公式：

$$C_1 \cdot V_1 = C_2 \cdot V_2$$

式中，C_1 为稀释前溶液浓度；C_2 为稀释后溶液浓度；V_1 为稀释前溶液体积；V_2 为稀释后溶液体积。

五、实验室常用消毒灭菌方法

（一）紫外线消毒

1. 特性

1）紫外线是一种电磁波，波长为 10~400nm，可分为 A、B、C 和真空 4 个波段，其中以 C 波段杀菌效果最好。

2）目前常用的杀菌线灯为石英管低压汞蒸气灯，其发出的紫外线 95% 的波长为 253.7nm。可以杀灭各种微生物，包括细菌繁殖体、芽孢、分枝杆菌、病毒、真菌、立克次体和支原体等。

3）紫外线辐照能量低，穿透力弱，仅能杀灭直接照射到的微生物，因此消毒时必须使消毒部位充分暴露。

4）紫外线消毒的适宜温度为 20～40℃，温度过高、过低均会降低消毒效果，可适当延长消毒时间。

5）用于空气消毒时，消毒环境的相对湿度以低于 80% 为好，否则应适当延长照射时间。

2. 适用范围 凡被微生物污染的表面和空气均可采用紫外线消毒。

3. 消毒处理方法 紫外线灯管适用于室内空气和物体表面的消毒。常用的室内悬挂式紫外线灯对室内空气消毒时，安装的数量按平均 $1.5W/m^3$ 计算，照射时间不得少于 30min。

4. 注意事项 普通型或低臭氧型直管紫外线灯（30W）新灯管的辐照度值在灯管下方垂直 1m 的中心处，应 $\geqslant 90\mu W/cm^2$；使用中的灯管的辐照度值在灯管下方垂直 1m 的中心处，应 $\geqslant 70\mu W/cm^2$。低于此值应予更换。

（二）压力蒸汽灭菌

1. 适用范围 适用于实验过程产生的废弃物，耐高温、高湿的实验室器材物品、液体和医用器械的灭菌。

2. 压力蒸汽灭菌方法 依据物品种类选择压力蒸汽灭菌所需时间（表 1-1），在进行高压灭菌效果的常规监测中，应将化学指示卡置于每件高压灭菌物品的中心。

表 1-1 压力蒸汽灭菌所需时间（min）

物品种类	121℃下排气	134℃预真空	134℃脉动真空
硬物裸露	15	4	4
硬物包裹	20	4	4
织物包	30	4	4

3. 注意事项

1）应由经培训合格的人员负责高压灭菌器的操作和日常维护。

2）预防性的维护程序应包括：由有资质人员定期检查灭菌器柜腔、门的密封性及所有的仪表和控制器，并且将压力表定期送计量检测部门年检。

3）预真空和脉动真空压力蒸汽灭菌器应定期进行 B-D 测试（Bowie-Dick test），检测其排除空气效果。

六、实验操作过程中的应急处置预案

（一）培养物、感染性物质破碎及溢洒到台面、地面和其他表面时的应急处置预案

实验人员立即停止工作，用纱布或纸巾覆盖培养物、感染性物质污染的破碎物品（包括瓶子和容器）及溢洒的感染性物质（包括培养物），然后在上面倒上含 0.55% 有效氯的次氯酸钠消毒剂（从边缘往中央），静置至少 30min 后将纱布、纸巾及破碎物品用镊子清理，将其放置于高压袋（如有锐器可放置于锐器盒等耐扎容器内）中进行高压灭菌处理。再用含 0.55% 有效氯的次氯酸钠消毒剂擦拭污染及周围可能污染区域。所有这些操作过程都应穿戴全套个人防护装备。应报告实验室相关负责人，并说明目前溢出区域的清除污染工作已经完成和是否还存在潜在风险。

（二）意外刺伤时的应急处置预案

实验人员保持清醒的头脑，立即停止工作，脱掉最外层手套，用 75% 乙醇清洗受伤部位，也可在洗手池处直接用大量清水冲洗伤口至少 15min。脱掉内层手套，尽量挤出损伤处的血液，取出急救箱，对污染的皮肤和伤口用 75% 乙醇或碘酒擦洗多次。用创可贴或无菌敷料对伤口进行适当的包扎。应报告实验室相关负责人，并说明暴露后处理（PEP）已经完成和是否还存在潜在风险。

（三）离心机运行中离心管破裂时的应急处置预案

实验人员立即关闭机器电源，让离心机密闭静置 30min 后，对转子、吊篮、十字轴及盖子外部用消毒液消毒后将其转移到生物安全柜内，用消毒液浸泡消毒 60min 以上，用镊子清理玻璃碎片，耐高温的则进行高压灭菌处理。离心机内腔则用消毒液擦拭后，用清水擦拭并干燥。清洁时使用的所有材料均需高压处理。应报告实验室相关负责人，并说明目前溢出区域的清除污染工作已经完成和是否还存在潜在风险。

（四）实验操作过程中人员暴露后发现相关症状的处理

若实验人员出现与被操作病原微生物导致疾病类似的症状，则应被视为可能发生感染，应及时到指定医院就诊，并如实主诉工作性质和发病情况、所受伤的原因及污染的微生物，在具有潜在感染性危险时，应进行医学处理。在就诊过程中，应采取必要的隔离防护措施，以免疾病传播。事后记录受伤原因、从事的病原微生物，并应保留完整适当的医疗记录。

七、生物安全柜内操作要求

涉及大量的病毒培养、感染性测定等实验时，操作人员需在生物安全柜内完成相关操作。

（一）操作前的准备

1）将玻璃门拉到完全关闭位置，打开日光灯，打开风机。

2）风机运转 5～10min 后，将玻璃门升到工作位置，对生物安全柜内部工作台面进行清洁、消毒。

3）将实验中需用到的材料外表消毒后，尽量一次全部放入安全柜内，注意不要堵住回风槽。

4）调整玻璃门到正常工作位置（20cm 高），如果位置不正确，会有警报响起。

5）等待仪器运转至少 5min 后，开始实验工作。

（二）生物安全柜内的工作

1）按常规要求穿戴好防护用品进行操作。

2）在生物安全柜内实验时，动作不要太快，尽可能减少手臂移出/移入生物安全柜的次数，不能使用明火。

3）不得在发生玻璃高度异常报警或外排风量异常报警的情况下使用生物安全柜。

（三）结束实验

1）实验完毕，密闭所有试剂瓶，盖好装有未用完清洁移液器吸头、清洁玻璃器皿、待培养细胞板（瓶）等实验材料的容器盖，并消毒容器外表，扎好装有待消毒废弃物的塑料袋口，等待至少 5min 后，移出所有实验材料。

2）取出实验材料后，要对工作台面再次进行消毒。

3）关闭仪器风机，将玻璃门拉到密闭位置。

4）打开紫外线灯照射 30min。

5）关闭紫外线灯，结束所有安全柜内操作。

💡 本章思考题

1. 请描述病毒分离鉴定的基本步骤，并解释为什么这是病毒学研究中的重要环节。

2. 在病毒中和试验中，抗体是如何阻止病毒入侵细胞的？这种试验对于评估疫苗的有效性有何意义？

3. 请讨论生物安全柜内操作的要求及其对实验人员安全的重要性。

主要参考文献

曹雪涛. 2016. 免疫学技术及其应用. 北京：科学出版社.

李德新，舒跃龙. 2012. 病毒学方法. 北京：科学出版社.

萨姆布鲁克，拉塞尔. 2002. 分子克隆实验指南. 3 版. 黄培堂，译. 北京：科学出版社.

Flint S J，Enquist L W，Racaniello V R，et al. 2015. Principles of Virology. 4th ed. Washington D C：ASM Press.

Klenk H D，Schäfer W. 2015. Methods in Virology. Berlin：Springer.

Knipe D M，Howley P M. 2013. Fields Virology. 6th ed. Philadelphia：Lippincott Williams & Wilkins.

Racaniello V R，Baltimore D. 2017. Principles of Virology. 4th ed. Washington D C：ASM Press.

第二章 病毒的培养与收获

本章要点

1. 通过学习鸡胚接种在病毒分离、培养及疫苗制备中的关键作用，能够深入理解这一技术如何促进病毒学研究和疫苗开发的进程。
2. 通过比较原代与传代细胞在病毒培养中的优劣势，以及制订科学合理的选择策略，我们可以更加精准地根据实验需求和研究目标，选择最合适的细胞类型进行病毒培养，从而提高实验的效率和准确性。
3. 深入认识并能精准把握病毒收获的最佳时机，结合高效的病毒纯化技术，确保所获得的病毒样品具有极高的纯度，为后续的实验研究提供可靠的基础材料。

体液、粪便等宿主来源并包含病毒的物质称为病料，为了鉴定、分型其中的病毒并研究其感染性和致病性，首先需将病料中的病毒分离出来并进行培养扩增。在 20 世纪初病毒第一次被分离出来时，由于冷冻设备和细胞培养技术的缺乏，必须通过动物到动物的连续传播来维持病毒的储存，然而这种方法十分不便，也易造成病毒的选择性突变。另外，也常在鸡胚中适合不同病毒复制的部位进行病毒接种与增殖，因其产量较高而被广泛应用于病毒的实验室研究及疫苗生产。细胞培养技术出现之后，在培养基中培养的原代或传代细胞成为接种增殖大多数动物病毒最常使用的宿主。

综上，病毒的培养与收获在病毒性疾病确诊和病毒病原学研究中起关键作用，本章将对常见病毒的培养与收获方法进行介绍。

第一节 病毒的鸡胚接种、培养和收获

鸡胚培养相较组织培养及动物接种更方便简单，来源充足，一般无病毒隐性感染，也可根据需要选择不同的日龄和接种途径，且鸡胚组织分化程度低，病毒易于增殖使得感染病毒的组织和液体中含大量病毒并且容易采集和处理，因此鸡胚接种是常用的一种培养动物病

毒的方法。鸡胚接种除了用于多种病毒的分离和培养外，也可用于病毒毒力滴定、中和试验及抗原和疫苗的制备等。鸡胚接种有多种部位，根据不同的病毒类型采用不同的接种方式，主要的接种方式有尿囊腔接种、尿囊绒毛膜接种、卵黄囊接种、眼球接种、羊膜腔接种、脑内接种、静脉接种等。各种病毒接种鸡胚均有其最适宜的途径。例如，尿囊腔接种适用于流行性感冒病毒（简称流感病毒）、腮腺炎病毒、新城疫病毒、鸟类腺病毒等，尿囊绒毛膜接种适用于单纯疱疹病毒、痘病毒及劳斯肉瘤病毒等，故应根据不同病毒类型选择接种部位，不同病毒接种后鸡胚中形成的病变也有不同表型，需对照判断。例如，新城疫病毒适宜接种在尿囊腔和羊膜腔内，生长后，鸡胚全身皮肤出现出血点，以脑后最显著。牛痘病毒适宜于在尿囊绒毛膜上生长，经培养后，产生肉眼可见的白色痘疱样病变，似小结节或白色小片云翳状。

为了保证鸡胚扩毒过程中无其他污染源，用于培养病毒的鸡胚最好是无特定病原体（specific pathogen free，SPF）鸡胚，SPF 鸡胚是指由生长在屏障系统或隔离器中、无国际流行的主要鸡传染病病原的鸡所产的种蛋。SPF 鸡胚对各种病原微生物都有敏锐的感受性，重复性好，可用于病毒培养、传代和减毒等实验。SPF 鸡胚能降低母源抗体水平，也可以排除一些经卵垂直传播的病原微生物。

一、病毒卵黄囊接种的方法及培养和收获

主要用于虫媒披膜病毒、鹦鹉热衣原体及立克次体等的分离和增殖。

（一）鸡胚竖直位卵黄囊接种

1）取 6～8 日龄鸡胚，用检卵灯照视，并画出气室和胚体位置，将鸡胚竖直放置在蛋托上，气室朝上。

2）用碘酊从中间向四周擦拭消毒气室端，再用乙醇从中间向四周进行脱碘消毒。

3）用打孔器在气室中央偏胚体对侧打一小孔。

4）用注射器吸取病毒悬液，沿气室顶端小孔竖直刺入 3cm，注入 0.1～0.5mL 病毒液（应将原毒液进行 10 倍或 100 倍稀释得到合适的接种滴度）（图 2-1）。

5）用熔化的石蜡封孔，置孵化器内继续孵育，每天翻蛋 1～2 次，24h 内死亡者废弃。

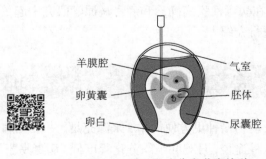

图2-1　鸡胚竖直位卵黄囊接种

（二）鸡胚水平位卵黄囊接种

1）取 6～8 日龄鸡胚，用检卵灯照射，并画出气室和胚体位置，将鸡胚水平放置在蛋托上。

2）胚胎位置在下，在鸡胚的顶端长径的 1/2 处用碘酊和乙醇消毒蛋壳，并用打孔器打孔。

3）将针头刺入深约 1.5cm，注入病毒液 0.1～0.5mL（图 2-2）。

4）用液体石蜡封孔，置孵育箱内继续孵育，24h 内死亡者废弃。

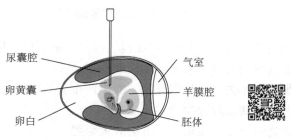

图 2-2 鸡胚水平位卵黄囊接种

（三）病毒收获

1）病毒培养期间每日观察鸡胚存活状态，如接种后 24h 鸡胚已发生死亡，应及时将其置于 4℃冷藏。冷藏的目的是使血管收缩，以便得到无胎血的纯囊液。

2）一般培养至 72h 时无论鸡胚存活与否均置于 4℃冷藏 4h 或过夜。

3）将鸡胚置于蛋托上，无菌操作轻轻敲打并揭去气室顶部蛋壳。用另一无菌镊子撕开尿囊绒毛膜，夹起鸡胚，切断卵黄带，置于无菌双碟内。如收获鸡胚，则除去双眼、爪及嘴，置于无菌小瓶中保存；如收获卵黄囊，则用镊子将尿囊绒毛膜与卵黄囊分开，将后者贮于无菌小瓶中。收获的鸡胚或卵黄囊，若暂时不处理可经无菌检验后，放置-80℃冰箱冷冻保存。或及时处理，可将鸡胚或卵黄囊样品用无菌剪分成小块，置于无菌的研钵内尽量磨碎，研磨完全后冻融 1～3 次，使细胞完全破裂，将细胞内的病毒释放到溶液中。高速离心去除固体沉淀和大分子物质，采用合适孔径的滤膜过滤上清液去除细菌等污染物获得病毒悬液。如果不能及时接种，应添加防冻液置于-80℃冰箱或液氮保存。

二、尿囊绒毛膜接种

主要用于痘病毒和疱疹病毒的分离和增殖。

（一）鸡胚竖直位尿囊绒毛膜接种

接种方法见图 2-3。

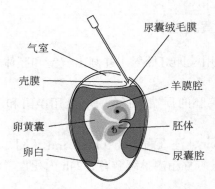

图2-3　鸡胚竖直位尿囊绒毛膜接种

1）取 10～12 日龄鸡胚，用检卵灯照视，画出气室部位，用碘酊、乙醇消毒。

2）在气室端的卵壳上开一 1.5cm×1.5cm 的口。

3）用无菌眼科镊撕去一小片内壳膜，勿损伤尿囊绒毛膜。

4）尿囊绒毛膜上滴入接种物。

5）用胶布或透明胶纸封闭切口，继续静置孵育。

（二）鸡胚水平位尿囊绒毛膜接种

接种方法见图 2-4。

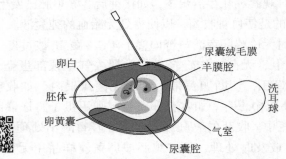

图2-4　鸡胚水平位尿囊绒毛膜接种

1）在胚胎近气室处，选择血管较少的部位，用电烙器在卵壳上烙一个直径为 3～4mm 的烤焦圈。

2）用碘酊和乙醇消毒后，小心用刀尖撬起卵壳，造成卵窗。或者在胚胎近气室处血管较少的点，直接用碘酊和乙醇消毒后用无菌手术刀片在该位置刮擦一个直径为 3～4mm 的卵壳孔，制作卵窗。

3）在气室端中央钻一个小孔。

4）用针尖挑破卵窗中心的壳膜，切勿损伤其下的尿囊绒毛膜，滴加生理盐水于刺破处。

5）用洗耳球紧贴于气室中央小孔上吸气，造成气室内负压，使卵窗部位的尿囊绒毛膜下陷而形成人工气室，此时可见滴于壳膜上的生理盐水迅速渗入。

6）用 1mL 注射器滴 2～3 滴接种物于尿囊绒毛膜上。

7）用透明胶纸封住卵窗，或用玻璃纸盖于卵窗中，周围涂上熔化的石蜡密封，气室中央的小孔也用石蜡密封。

8）胚横卧于卵箱中，不许翻动，保持卵窗向上。

（三）病毒的收获

病毒培养良好的话，一般48～96h后可以收胚。将接种病毒的鸡胚放于蛋托上，接种部位朝上，在生物安全柜内用碘酊、乙醇先后消毒卵窗部位及周围蛋壳，撕去玻璃纸或者透明胶纸，并抠掉蛋壳扩大卵窗，撕去壳膜，剪取接种部位及周围的尿囊绒毛膜，观察病变，将病变显著（增厚、水肿）的部位剪下，收集至无菌小瓶内，冷冻保存。可将病变组织样品用无菌剪分成小块，置于无菌的研钵内尽量磨碎，研磨完全后冻融1～3次，使细胞完全破裂将细胞内的病毒释放到溶液中。高速离心去除固体沉淀和大分子物质，采用合适孔径的滤膜过滤上清液去除细菌等污染物获得病毒悬液。如果不能及时接种，应添加防冻液置于-80℃冰箱或液氮保存。

三、鸡胚尿囊腔接种

主要用于正黏病毒和副黏病毒，如流感病毒、新城疫病毒的分离和扩增。

（一）接种方法

接种方法见图2-5。

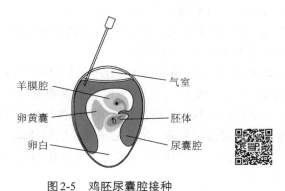

羊膜腔　　　　　　　气室
卵黄囊　　　　　　　胚体
卵白　　　　　　　　尿囊腔

图2-5　鸡胚尿囊腔接种

1）选用9～10日龄的鸡胚，画出气室和胚位。

2）在气室端（钝端）远离胚胎所在位置且血管分布较少的区域进行消毒。

3）用打孔器穿一小孔。

4）将注射器沿小孔插入0.5～1.0cm，注入0.1～0.2mL接种物。

5）用石蜡封口，并置孵卵箱中孵育，每天翻卵并检卵一次，24h内死亡者废弃。

（二）病毒的收获

收获经4℃冷藏后的鸡胚尿囊液。鸡胚气室朝上立于蛋托上，消毒鸡胚表面，无菌操作轻轻敲碎，并揭去气室顶部蛋壳，形成直径为 1.5～2.0cm 的开口。用 10mL 粉色针头注射器，刺破尿囊绒毛膜，缓慢吸取尿囊液，每胚可得 5～10mL，贮于无菌小瓶内，离心去除沉淀后，可用 0.22μm 过滤器过滤除菌，分装液氮或者-80℃保存，做种毒或实验之用。

第二节　病毒的原代细胞接种、培养和收获

在病毒学的研究历程中，鸡胚一直作为重要的病毒培养平台，为疫苗生产和病毒特性研究做出巨大贡献。鸡胚系统以其独特的生理结构和易感性，成为多种病毒的理想宿主。然而，随着细胞生物学的发展，细胞培养技术逐渐展现出其独特的优势，使得病毒研究进入了一个全新的阶段。

细胞培养技术具有诸多优点，如操作简便、周期短、易于控制等。更重要的是，细胞培养可以保持细胞原有的生物学特性，为病毒研究提供更加真实的环境。此外，细胞培养技术还可以进行高通量筛选和大规模生产，为疫苗研发和药物开发提供了强有力的支持。

细胞培养技术又可分为原代细胞培养与传代细胞培养，原代细胞保持了生物体内正常细胞的基本特性，转化极性较小，对病毒敏感性好，更接近生物体内正常细胞状态，但对培养物及生长环境的无菌性要求较高；传代细胞已经适应体外环境并具有自我复制的能力，对培养条件的要求相对较低，更适用于大规模细胞培养和工业生产，但可能会因为多次传代某些生物学特性发生改变，如基因表达谱的变化、染色体畸变等，对病毒的易感性可能略有下降，但仍可以用于某些特定的病毒培养和研究。

综上所述，原代细胞与传代细胞在培养病毒方面各有优势，故应按需选择，相应的病毒接种培养技术将在本节与第三节分别阐述。

原代细胞接种培养层面，可根据病毒的组织嗜性不同采取不同组织的原代细胞，大多数组织均可制备原代细胞（1～10 代），但生长的速度及难易程度不等。肾和睾丸是最为常用的原代细胞来源，而甲状腺细胞生长缓慢，只用于某些特定的病毒，如猪传染性胃肠炎病毒的培养。原代细胞一般对病毒较易感，尤其是来源于胚胎或幼畜组织的原代细胞。制备原代细胞最好用 SPF 动物的组织，以免携带潜伏的病原体影响所需病毒的生长，甚至造成灾难性的污染和交叉污染后果。

一、原代细胞的培养

原代细胞（primary culture cell）是指直接从机体取下细胞、组织和器官后立即培养的细胞。但实际上，通常把第 1～10 代的培养细胞统称为原代细胞，继续传代仍保持染色体二倍体数的称为二倍体细胞，但巨噬细胞、神经细胞等体外培养一般不分裂，很难获得二倍体细胞株。在选择原代细胞类型用于病毒培养时，需要综合考虑病毒的宿主范围、类型、易得性和可培养性等因素。通过查阅相关文献和实验指南，了解病毒与细胞的相互作用机制，同时，也需要根据实验的具体需求进行灵活调整和优化。

（一）悬浮细胞的分离方法

组织材料来自血液、羊水、胸水或腹水的悬液材料时，样品进行 200r/min 室温离心后浓缩，再用 PBS 稍稀释，1 份淋巴细胞分离液上方缓慢加入 2 份体积的悬浮样品 PBS 稀释液进行 2000r/min 的室温低速离心 10min。经离心后，去掉上清液，由于各种细胞的比重不同，可在分层液中形成不同层，这样可根据需要收获目的细胞层，PBS 重悬离心去除分离液后，进行完全培养基培养。

（二）实体组织材料的分离方法

对于实体组织材料，由于细胞间结合紧密，为了使组织中的细胞充分分散，形成细胞悬液，可采用机械分散法和消化分离法。

1. 机械分散法 机械分散法具有简便、快速的特点，具体操作步骤包括切割分离和机械分散。首先，将组织切割成小块，然后用吸管吹打、注射器针头压出或在不锈钢纱网内用钝物压挤等方式使细胞分散。这种方法虽然简便快速，但对组织机械损伤大，而且细胞分散效果差，适用于处理纤维成分少的软组织，如肝、脾、脑组织，部分胚胎组织等。

2. 消化分离法 消化分离法需要把组织剪切成较小团块（或糊状），利用酶的生化作用和非酶的化学作用进一步使细胞间的桥连结构松动，再采用机械分散法如吸管吹打分散或电磁搅拌等，使细胞团块得以较充分地分散，制成少量细胞群团和大量单个细胞的细胞悬液，接种培养使细胞容易贴壁生长。它适用于细胞间质较少的软组织，如肝、肾、甲状腺、羊膜、胚胎组织、上皮组织等。

（1）酶消化法 常采用胰蛋白酶和胶原酶。

1）胰蛋白酶：胰蛋白酶简称胰酶，是广泛应用的消化剂。主要作用于赖氨酸或精氨酸相连接的肽键，一般采用的浓度为 0.1%～0.25%（活力 1：200 或 1：250），通常在 37℃进行消化，pH 选用 7.6～8.0，否则对细胞有损伤。血清中所含的钙离子和镁离子可以抑制胰蛋白的消化作用，故使用含血清的完全培养基可终止酶解反应。一般消化时间为 1h 以内为宜，冷消化时使用低浓度消化液，于 4℃过夜也可，可根据具体组织细胞类型进行预实验以确定最佳消化条件。

2）胶原酶（collagenase）：胶原酶是一种从细菌中提取出来的酶，对胶原有很强的消化作用。适于消化纤维性组织、上皮组织及癌组织，它对细胞间质的消化作用好，对细胞本身影响不大，可使细胞与胶原成分脱离而不受伤害。活性几乎不受钙离子、镁离子影响。通常使用的浓度为 200U/mL 或 0.1～0.3mg/mL。但胶原酶价格较高，大量使用将增加实验成本。

上皮细胞对胶原酶有耐受性，会有一些上皮细胞团块消化不完全，但是小团块的上皮细胞比分散的单个上皮细胞更易生长，因此不必再进一步消化处理。

除上述两种最常用的消化酶外，还有链霉蛋白酶、黏蛋白酶、蜗牛酶、弹性蛋白酶、木瓜蛋白酶等。

（2）非酶消化法（EDTA 消化法） EDTA 全名为乙二胺四乙酸，是一种非酶消化物，又称为螯合剂。常用不含钙离子、镁离子的 PBS 配成 0.02%的工作液，对一些组织，尤其是上皮组织分散效果好，其能与细胞上的钙离子、镁离子结合形成螯合物，利用结合后的机械力使细胞变圆而分散细胞。

（3）消化分离法的操作步骤

1）利用无菌剪把组织块剪碎，呈约 1mm³ 大小的组织块。

2）将碎组织块在离心管中用无钙离子、镁离子的 PBS 洗 2～3 次，低速离心尽量去除红细胞。

3）加入适量消化液（胰蛋白酶或胶原酶或 EDTA）于 37℃水浴或者温箱孵育约 45min（其间轻摇或用去剪头的 1mL 移液器轻吹 1～2 次），胰蛋白酶消化时组织匀浆变为黏稠糊状，去尖头的移液器吸头不能吸起，终止消化。

4）低速离心尽量弃去消化液。

5）将含有钙离子、镁离子的培养基沿瓶壁缓缓加入，终止消化反应，采用漂洗法洗 2～3 次后，加入完全培养基。

6）用吸管吹打或振荡，使细胞充分散开后用纱网或 3～4 层无菌纱布过滤后分瓶培养，若要求不高可倾斜自然沉降 5～10min，吸上层细胞悬液进行分瓶培养。

二、病毒的接种与培养

1）原代细胞生长成单层时，弃去培养基，以 PBS 清洗细胞表面 3 次。

2）将适量病毒毒种稀释液或原液（覆盖整个细胞单层即可）加至细胞表面，使得病毒与细胞充分吸附与结合，在 37℃或室温甚至在 4℃孵育 1h，每 15min 摇动一次，使毒种液均匀分布在细胞表面。

3）经上述感染孵育步骤后的单层原代细胞，加入含 2%胎牛血清（fetal bovine serum，FBS）的培养基（或根据病毒的特性使用无血清培养基等），进行 37℃、5% CO_2 孵育。

三、病毒的收获

连续观察 7d，若细胞 70%～80%出现病变，则收取细胞培养器皿，冻融 3 次后，4℃ 12 000r/min 离心 10min，取上清液，冻存备用。若未出现细胞病变，则视细胞状态在 7d 内收获细胞培养器皿（不同病毒通常有最佳扩增时长），冻融 3 次后，4℃ 12 000r/min 离心 10min，取上清液，冻存备用。

第三节 病毒的传代细胞接种、培养和收获

病毒扩增

传代细胞系的开发，给病毒培养提供了更加便利的条件，常用的病毒培养的细胞系有 HeLa 细胞（人宫颈癌细胞）、BHK21 细胞（乳仓鼠肾细胞）、PK15 细胞（猪肾细胞）、Vero 细胞（非洲绿猴肾细胞）、Marc-145 细胞（猴肾细胞）、CHO 细胞（中国仓鼠卵巢细胞）、MDCK 细胞（马-达氏狗肾细胞）等。选择哪种细胞进行病毒的培养，通常由病毒的特异性决定。

一、贴壁接种

将长满单层或80%左右汇合度的传代贴壁细胞的培养基弃去，用PBS清洗3次，加入能覆盖细胞层的毒种液，37℃或者室温甚至4℃进行吸附孵育1h，其间摇匀病毒液使细胞尽可能接触病毒粒子，孵育结束后，弃或不弃毒种液均可，加入适量含2% FBS的培养基作为维持液（或根据病毒的特性使用无血清培养基等），按照传代细胞的培养要求进行培养即可。

细胞也可以使用转瓶进行培养，可获得更大的培养体系，收获大量病毒，但需要配置转瓶专用的CO_2培养箱。

二、细胞悬浮接种

计算好培养细胞使用器皿长满单层时的细胞数量，并按此数量接种细胞，在细胞处于悬浮状态时，加入合适浓度的毒种液 [通常为0.01～0.1MOI（multiplicity of infection，感染复数）]，病毒吸附孵育时间可以略延长，孵育结束添加含2% FBS的培养基（或根据病毒的特性使用无血清培养基等），维持培养。

三、病毒液的收获

传代细胞在接种病毒后，病毒开始侵入宿主细胞并在细胞内进行复制。随着病毒的复制和扩散，细胞开始出现病变现象，这种现象称为致细胞病变效应（cytopathic effect，CPE）。这些病变可能包括细胞变圆、细胞质内出现颗粒或空泡、细胞核变大或缩小等。随着病变细胞逐渐增多，释放的病毒粒子会进一步感染周围的细胞。最终导致细胞大量裂解死亡，从培养瓶壁脱落。通过观察细胞病变的程度和速度，也可用于评估病毒的毒力和感染能力。当观察到70%～80%细胞出现病变，则收取细胞上清液；若不出现细胞病变则在7d内观察细胞状态（不同病毒通常有不同的最佳扩增时长）收获细胞上清液，12 000r/min离心10min，去除细胞碎片，收取上清液（病毒液），冻存备用。

💡 本章思考题

1. 为什么说鸡胚接种是一种常用的病毒培养方法？其优势何在？
2. 在进行病毒的原代细胞接种和培养时，如何保证细胞的健康状态？
3. 对于传代细胞系的选择和使用，有哪些考虑因素？

主要参考文献

胡秋杰. 2019. 鸡胚尿囊腔接种法培养病毒及应用. 中国高新区，（15）：203.

Brauer R，Chen P. 2015. Influenza virus propagation in embryonated chicken eggs. J Vis Exp，DOI：10.3791/52421.

Karakus U，Crameri M，Lanz C，et al. 2018. Propagation and titration of influenza viruses. Methods Mol Biol，1836：59-88.

McGinnes L W，Pantua H，Reitter J，et al. 2006. Newcastle disease virus：propagation，quantification，and storage. Curr Protoc Microbiol，15：1-18.

Phelan K，May K M. 2016. Basic techniques in mammalian cell tissue culture. Curr Protoc Toxicol，70：1-22.

Ramos T V，Mathew A J，Thompson M L，et al. 2014. Standardized cryopreservation of human primary cells. Curr Protoc Cell Biol，4：1-8.

Spackman E，Killian M L. 2014. Avian influenza virus isolation，propagation，and titration in embryonated chicken eggs. Methods Mol Biol，1161：125-140.

第三章　病毒的浓缩与纯化

📖 本章要点

1. 分析不同病毒浓缩与纯化方法的优缺点，深入理解各种方法在病毒浓缩、纯化中的实际应用场景，为选择合适的浓缩与纯化方法提供科学依据。
2. 探讨病毒浓缩与纯化过程中的关键参数优化策略，详细阐述 pH、离子强度、温度、缓冲液成分等条件对病毒纯化效率和质量的影响，能够掌握优化病毒纯化流程的关键技巧。

病毒作为一类特殊的生命形式，其自身无法独立完成生命活动，必须依赖于宿主或细胞才能自我复制繁殖，而病毒感染的组织或细胞培养物通常含有大量杂质，如病毒缺损颗粒、培养基、血清、细胞碎片等，因此我们要应用各种物理、化学方法从病毒悬液中去除非病毒组分，同时保持病毒感染性，浓缩纯化得到大量单一病毒，病毒纯化是进行病毒学研究的重要前提。

第一节　物　理　法

一、超速离心法

病毒在合适的组织细胞宿主中大量复制繁殖，扩增得到大量病毒，通常使用超速离心法进行浓缩纯化，常用的超速离心法有差速离心、速度区带离心和等密度梯度离心。

1. 差速离心　　差速离心是一种较为简易的方法，由于不同大小和比重的粒子沉降速度不同，将分离的样品交替进行低速离心和高速离心，不同大小和比重的粒子逐步沉淀下来，此法通常用于分离密度大小有显著差异的颗粒，由于感染病毒的细胞或组织匀浆中存在大量的细胞亚单位及碎片，其大小与病毒相似，因此提纯效果不佳，差速离心的优点是可以迅速处理大量样品，所以该方法通常用于病毒精制的第一步，或是病毒的浓缩和粗提。

2. 速度区带离心　　速度区带离心是在离心过程中借助密度梯度介质，使不同大小、形状的样品颗粒因沉降速度不同而达到分离纯化目的的一种分离技术，由于该技术分离过程中应用了密度梯度介质，故又称为密度梯度离心。病毒纯化时，将病毒粗液添加于密度梯度介质顶层，借助病毒粒子和其他亚单位组分密度差别，在强大离心力的作用下将病毒粒子沉降下来，得到较纯的病毒，速度区带离心介质梯度应预先形成，常用的密度梯度材料有蔗糖、葡聚糖、氯化铯、硫酸铯。该技术已被广泛应用于病毒的分离纯化，能得到较纯的病毒。

以下是一个采用速度区带离心，使用 Vero 细胞生产狂犬病毒（RV）灭活疫苗的病毒纯化方法。

1）用浓度为 1∶3000 的 β-丙内酯灭活活病毒。

2）将所需要使用的 Beckman Coulter Type 19 转子通过暴露于 1.0%（m/V）甲醛溶液 3h，进行原位消毒，然后除去甲醛溶液并用无菌双蒸水洗涤。

3）将约 1800mL 含 60%蔗糖的疫苗 PBS（0.04mol/L 磷酸盐在 100mmol/L NaCl 中，pH 7.6）通过底部管线泵送到转子中。

4）将离心机加速至 32 000r/min，建立线性蔗糖梯度。使用蠕动泵将病毒以 4～5L/h 的流速泵送通过转子。

5）在完成样品进料后，将 PBS 以相同的流速泵送通过转子，并将其在 32 000r/min 继续离心 30min。

6）然后将转子减速至静止，并将重新定向的梯度以约 2L/h 的流速通过底部泵出。根据蔗糖浓度将梯度分级为 100mL 等分试样。病毒集中在 13～21 级，将其合并，进行第二次速度区带离心。

7）将上一步所得病毒与疫苗 PBS 配制的 90%蔗糖溶液混合，在 1800mL 的总体积中达到 60%蔗糖浓度。

8）通过用 1400mL 疫苗 PBS 和 1800mL 含有 60%蔗糖的病毒填充转子来进行浮选操作。以 32 000r/min 进行分区离心 8h。疫苗 PBS 的流速在整个过程中保持在 4.5L/h。

9）最终病毒位于 42%蔗糖密度处，将其收集。

3. 等密度梯度离心　　等密度梯度离心的分离效果不受分离物颗粒大小的影响，而是与其密度密切相关。该方法需要介质密度梯度有适当大的范围，即介质最大密度应高于欲分离颗粒密度，以便在长时间高速离心下，欲分离组分分别达到自己的平衡密度区。该方法通常以氯化铯浓溶液作为梯度介质，而病毒在这一类无机盐浓溶液中容易被破坏，所以在用于病毒纯化时预先加入 0.2%～0.5%牛血清白蛋白或 0.5%～3.0%甲醛固定保护病毒，然后进行离心，该方法能较好地回收病毒。碘克沙醇作为病毒等密度梯度离心的新一代介质，具有病毒回收率高、纯度高、对人体无毒性、能够高效保持病毒活性、抑制载体颗粒物聚合等优点。

以下是一个使用等密度梯度离心纯化重组腺病毒（ADV）的例子。首先通过一系列的差速离心，得到重组腺病毒的粗裂解物，然后通过如下步骤进行等密度梯度离心。

1）使用血清学移液管，将 10mL 粗裂解物缓慢分配到每个 26mm×77mm 的超离心管中。

2）然后使用多通道泵按以下顺序将 4 种浓度的碘克沙醇溶液加入超离心管中的粗裂解物下方：15%，11mL；25%，11mL；40%，10mL 和 60%，10mL。不同浓度的碘克沙醇溶液都应放在一个单独的 50mL 锥形管中，每次都要现配现用，不可储存。

3）使用 5mL 血清学移液管，小心地在超离心管的顶部填充 ADV 裂解缓冲液，以确保没有空气残留。

4）每个超离心管都盖上盖子，将所有梯度缓慢放入 Ti70 型转子中，并将转子放入超速离心机中。

5）在 18℃下以 69 000r/min 的转速离心梯度管 1h。

6）离心后，小心地将梯度管从转子上取下。使用金属环支架和夹具固定梯度管以进行抽吸，抽吸 40%～60%的界面，该界面包含大多数包装的 ADV 颗粒。

7）将针头穿过超离心管壁，在 40%～60%界面下方 2～3mm 处，缓慢地抽吸 40%～60%的界面，直到注射器中有 3～4mL 液体，在 LR 溶液中以 1：2 稀释，并储存在冰上。进行缓冲液交换和浓缩。

8）用 20mL LR 溶液平衡 50kDa 蛋白质浓度柱，并在 2000r/min 和 4℃下离心，直到所有液体都通过该柱，将流经液体废弃并用上一步获得的稀释碘克沙醇馏分加满柱，在 4℃下，以 2000r/min 的转速旋转准备 10min，并弃掉流经液体。

9）用总共 50mL LR 溶液洗涤柱，以稀释掉残留的碘克沙醇。这将通过在 4℃下以 2000r/min 的转速重复离心 10min 来完成，弃去流经液体，并用新鲜 LR 加满，确保液位始终保持在 1～2mL 及以上。

10）清洗后，通过在 2000r/min 的转速下进行 2～5min 的离心，并使用柱上提供的刻度不断检查液位，将病毒离心至 0.5mL 的最终体积。

11）使用 P200 移液管，用另外 100mL LR 洗涤柱，以收集附着在柱壁上的残余病毒。将其与前一步中的病毒混合，在-80℃下储存。在长期储存或用于动物模型之前，通过 0.22mm 的注射器过滤器对 ADV 制剂进行消毒。

速度区带离心与等密度梯度离心的比较如表 3-1 所示。

表 3-1　速度区带离心与等密度梯度离心的比较

区别	速度区带离心	等密度梯度离心
原理	根据颗粒沉降速率进行分离	根据颗粒密度差异分离
介质梯度范围	介质密度小于样品中各种颗粒密度	介质密度大于样品中各种颗粒密度
介质梯度制备	通过配制形成	通过配制和离心形成
加样位置	样品置于介质顶部	样品与介质均匀混合
时间效应	不能长时间离心	通过长时间离心使各种颗粒停留在等密度位置形成区带
样品区带位置	样品区带位于不同密度介质处	样品区带位于同一密度介质处

二、吸附法

利用病毒粒子或杂质表面携带的电荷或基团与吸附剂之间的亲和作用，将病毒或杂质吸附分离，再用相应的洗脱液把病毒洗脱下来，从而得到较纯病毒。根据吸附剂的不同，具体操作方法区别较大，常用的吸附剂有红细胞、磷酸钙、特定抗体偶联的配基等。吸附法可以使用特异性抗抗体从而表现出高特异性，靶向特定病毒；过程较为温和，不易破坏病毒结构。但也存在病毒与吸附剂在不破坏病毒的条件下难以分离的情况；同时吸附剂还可能导致病毒的污染。

使用红细胞吸附法纯化鸡胚扩增的新城疫病毒（NDV）操作步骤如下。

1）取新鲜或保存的红细胞悬液，以 1500r/min 离心 10min，弃上清液。用无菌生理盐水洗涤 3 次，去除残留血浆。再用 pH 7.2 PBS 配成 20%红细胞悬液，加入 1mol/L NaOH 调节 pH 至中性。同时，按体积比 92∶8 将 pH 为 7.2 的 PBS 与分析纯福尔马林（37%甲醛溶液）混合，制备 3%甲醛固定液。

2）向 20%红细胞悬液中加入等体积 3%甲醛溶液，置于磁力搅拌器以慢速（60r/min）连续搅拌 17h（24℃）。醛化完成后，用 pH 为 7.2 的 0.01mol/L PBS 洗涤 5 次，最终配制 10%醛化红细胞悬液，备用。

3）将鸡胚尿囊液经 3 次冻融循环裂解细胞，以 8000r/min 离心 30min，弃沉淀，收集含病毒的上清液。取病毒上清液分装至 10mL 离心管中，每管加入 500μL 10%醛化红细胞悬液，4℃孵育 1h，其间每 20min 轻柔振荡混匀。

4）孵育后，以 1500r/min 离心 10min，弃上清液，保留吸附病毒的红细胞沉淀。

5）向沉淀中加入 3mL/管预冷生理盐水（4℃），于 37℃水浴孵育 4h，促进病毒从红细胞表面释放。

6）加入 3mL/管含 2% NP-40 的生理盐水，于 45℃水浴孵育 20min，裂解病毒囊膜，释放病毒粒子。

7）将裂解液以 10 000r/min 超速离心 1h，弃沉淀，保留含病毒的上清液。

8）向上清液中加入 3～5 倍体积预冷丙酮（−20℃），4℃静置 1h 沉淀病毒。

9）以 8000r/min 离心 30min，弃上清液，收集病毒沉淀。

10）用 500μL 灭菌的 0.01mol/L PBS（pH 7.2）重悬沉淀，转移至 1.5mL EP 管中，以 8000r/min 离心 30min，收集上清液，即纯化的 NDV 悬液。

三、电泳法

病毒通常是由蛋白质外壳包裹着的内部核酸颗粒，而蛋白质或核酸等带电粒子在电场作用下，会依据它们所带的电荷向正极或负极迁移，电泳结束后，各组分形成狭长的区带，收集特定病毒区带，就可以收获相对较纯病毒。电泳法分辨率上限高；方法多样，包括聚丙烯酰胺凝胶电泳、毛细管电泳等；可以与其他纯化方法联合使用。但电泳法不适用于大规模样品的纯化，回收病毒效率较低，对病毒样品纯度和浓度要求较高，因此多用于病毒的定性检测。

四、超滤法

超滤法是使用超滤膜将水、盐及小分子滤过，将一定大小的大分子或病毒等颗粒拦截，从而使后者得到浓缩的方法。这种方法的优点在于可以用于大量样品的浓缩，并且可以在室温或低温下操作；对被浓缩产物的损害很小，在浓缩的同时可以将产物初步纯化；回收率高且可以防止外来污染。

以下是一个利用超滤法对犬细小病毒（CPV）进行初步浓缩和纯化的例子，具体操作步骤如下。

1）细胞以 0.1MOI 接种犬细小病毒，继续培养至 90%细胞发生病变后收获病毒，反复冻融 3 次以裂解细胞，收取病毒液。

2）将病毒液以 5000r/min 离心 30min 进行初步澄清后，通过 50kDa 超滤膜包系统对回收的病毒液进行 25 倍浓缩并进一步去除病毒液中的细胞碎片。

3）对初步纯化和浓缩的病毒液进行柱层析，进一步纯化病毒，此处省略具体步骤。

4）将病毒峰的流穿液合并成一管后加到 30kDa 超滤管中，以 5000r/min 离心 30min，取超滤管中未透过滤膜的液体，−80℃冻存。

第二节　化 学 法

一、中性盐沉淀法

蛋白质在稀盐溶液中，溶解度随盐浓度的增高而上升，但盐浓度增高到一定数值时，其溶解度又逐渐下降（沉淀析出），利用这一特性，反复盐析盐溶几次，最后用透析袋对沉淀进行脱盐处理，就可以除去大部分杂质。硫酸铵因溶解度大、对温度变化不敏感、能较好地保持病毒感染性，成为病毒盐析的常用盐。

中性盐沉淀法是一种简单、廉价的病毒纯化方法，适合大规模生产，但其特异性较低、病毒损失率高、可能导致病毒结构损坏及难以控制沉淀条件等缺点也需要考虑。一般情况下，中性盐沉淀法作为其他纯化方法的预处理步骤，如超速离心或色谱法，可以提高纯化效率。

以下是一个使用硫酸铵沉淀法获得猪细小病毒（PPV）颗粒的例子，具体操作步骤如下。

1）收集诱导表达菌体，用 pH 8.0 的 50mmol/L Tris-HCl、300mmol/L NaCl 缓冲液重悬后，进行超声破碎，12 000r/min 离心 30min，取超声上清液用于纯化。

2）分别用 20%、30%、40%及 50% 的$(NH_4)_2SO_4$ 对表达的重组 PPV VP2 蛋白进行粗提纯，经 SDS-PAGE（十二烷基硫酸钠聚丙烯酰胺凝胶电泳）分析粗提纯效果。

3）经透析除去$(NH_4)_2SO_4$，再选用 Ni^{2+}柱进行亲和层析纯化，采用咪唑浓度梯度洗脱法，用 SDS-PAGE、Western blot（免疫印迹）检测重组蛋白纯度。

4）在缓冲液中将高纯度 PPV VLP 蛋白组装为病毒样颗粒。

二、聚乙二醇沉淀法

聚乙二醇（polyethylene glycol，PEG）是一类水溶性非离子型聚合物，它可以和病毒颗粒聚合，使其发生沉淀作用。该沉淀方法温和，沉淀完全，同时能较好地保证病毒感染性，因此被广泛应用。常用于沉淀病毒的 PEG 分子量为 400～6000，其大致操作如下：预先配制50%左右的 PEG 母液，添加一定量母液于病毒悬液中使其达到相应浓度，4℃过夜搅拌，最后离心沉淀收集病毒。

聚乙二醇沉淀法是一种简单、有效、温和的病毒纯化方法，适用于多种病毒，成本相对较低且应用广泛。但存在特异性较低、病毒损失、PEG 可能残留及影响病毒活性等缺点。该方法通常作为其他纯化方法的预处理步骤，以提高病毒浓度和纯度。

以下是一个使用聚乙二醇沉淀法纯化 P22 噬菌体的例子，具体操作步骤如下。

1）在温和搅拌下将 PEG 加入噬菌体原液中以达到 10%（m/V）的最终浓度，然后加入最终浓度为 0.5mol/L 的 NaCl。加入 PEG 和 NaCl 后，病毒原液变混浊。

2）将病毒原液避光储存在 4℃，轻轻搅拌过夜。

3）将原液在 4℃下以 10 000r/min 离心 30min。弃去上清液，用使用前通过 0.22μm 孔径的膜过滤的 1mmol/L NaCl（pH 5.5）重悬沉淀。

4）通过加入氯仿（1:1，V/V）处理重悬的病毒溶液以去除残留的 PEG。加入氯仿后，剧烈涡旋悬浮 30s，然后在 4000r/min 下离心 30min。

5）白色层上方的部分含有病毒，在不破坏由杂质组成的白色层部分的情况下，将其作为原液小心地吸入管中。

6）最后，将病毒原液用 1mmol/L NaCl（pH 5.5）透析，通过 0.22μm 膜过滤，并在 4℃下储存。

三、有机溶剂沉淀法

有机溶剂能降低蛋白质溶解度，原理有二：其一，通过破坏蛋白质（病毒粒子）表面水化膜降低溶解度；其二，有机溶剂介电常数小，可降低溶液介电常数，导致其析出，常用的有机溶剂有乙醚、甲醇、氯仿、正丁醇、氟碳化合物等。需注意的是，有机溶剂（乙醚、氯仿）通常具有较好的脂溶性，会破坏具有脂质囊膜结构病毒的活性，因而该方法不适于这类病毒的纯化。

以下是一个使用甲醇沉淀法纯化传染性胃肠炎病毒（TGEV）的例子，具体操作步骤如下。

1）细胞用冻融法从长颈瓶中吸出，将冻融物以 12 000×g 离心 20min，细胞碎片在冰上用声波法处理 1min 以提取更多病毒，收集两者上清液并合并。

2）先用 1mol/L 冰醋酸将上清液 pH 调至 7 并冷却至 0℃，-4℃搅拌 30min，搅拌的同时加入冷甲醇溶液至浓度为 30%。

3）离心机预冷至-10℃，3000×g 离心上述处理过的混合液 20min，倒出上清液，用 1mol/L NaOH 将上清液的 pH 调至 7。

4）含有病毒的沉淀使用 pH 7.2 磷酸缓冲液于 5℃真空透析至原本溶剂的 1/10。

5）将沉淀的磷酸缓冲液悬液用 1mol/L NaOH 调 pH 至中性，在磷酸缓冲液中透析去除剩余甲醇，即可得到纯化病毒。

四、等电点沉淀法

该方法的原理是蛋白质（病毒粒子）在等电点溶液中，携带的正负电荷相互中和，分子间排斥力作用减弱，溶解度降低而沉淀，但此方法分辨率不高，一些细胞组分杂质蛋白在等电点时也会发生沉淀。多数病毒等电点 pH 在 4.5～5.5，应用酸性范围等电点沉淀病毒时，应注意 pH 对病毒活性的影响及病毒粒子与组织蛋白之间的电荷差异。

等电点沉淀法得益于其操作简便，一般情况下不会引入新杂质而成为目前分离和纯化病毒的有效方法，然而该方法也存在局限性，如部分病毒对低 pH 较为敏感，因此在酸化过程中容易变性而失去感染活性；病毒粒子在等电点仍具有一定的溶解度，沉淀并不完全；当杂质等电点与病毒粒子接近时，纯化效果不够理想。因此，该方法一般与其他方法联用，以达到理想的纯化效果。

有研究团队使用等电点沉淀法成功纯化了 M13 噬菌体，值得注意的是，该项研究同时对比了等电点沉淀法和传统的聚乙二醇沉淀法，结果表明，对于 M13 噬菌体的纯化，等电点沉淀法具有更高的病毒纯度、更高的病毒产量、更简便的操作流程、更低的生产成本及对噬菌体更小的损伤等优点，具体操作步骤如下。

1）配制 LB 培养基培养大肠杆菌作为宿主细菌。

2）加入 M13 噬菌体，于 37℃、220r/min 条件下培养 16h，使噬菌体大量增殖。

3）将 200mL 菌液在 20℃、5000r/min 条件下离心 10min，随后在 20℃、12 000r/min 条件下离心 10min 以去除细菌细胞，分为两份，分别进行 PEG 沉淀和等电点沉淀试验。

4）PEG 沉淀法：将 2.5mol/L NaCl 和 20%（m/V）PEG 8000 溶液以 4：1 的体积比添加到离心后的上清液中。短暂混合后，将混合物在 4℃下放置至少 3h 或过夜，以使噬菌体沉淀。

5）沉淀完成后，将 200mL 培养液中的噬菌体沉淀物收集到一个 50mL 离心管中，于 4℃、13 000r/min 离心 10min。弃去上清液，将沉淀物用 10mL Milli-Q 水重悬。用截留分子量为 12 400 的纤维素膜对噬菌体悬浮液进行透析，持续 7d，每天更换 1L Milli-Q 水两次。最后将噬菌体溶液储存在 4℃中备用。

6）等电点沉淀法：使用 5mol/L HCl 将离心得到的上清液 pH 调至 4.2。短暂混合后，将沉淀的噬菌体从 200mL 培养液中转移至 50mL 离心管，于 20℃、13 000r/min 离心 10min。

7）弃去上清液，将沉淀物用涡旋混合器在 40mL Milli-Q 水中重悬，于 20℃、13 000r/min 离心 10min，以去除 LB 培养基残留物。将洗涤后的沉淀物在 70℃的烘箱中干燥，用于干重测量，或者将其重悬于 10mL Milli-Q 水中。将重悬的沉淀物的 pH 用 5mol/L NaOH 调至 7.0，并将样品储存在 4℃中备用。

8）对纯化的噬菌体计数并进行结构检测，利用干重法测定噬菌体产量，以对比两种方法纯化 M13 噬菌体的效果。

五、两相溶剂间分配系数法

利用蛋白质（病毒粒子）在有机溶剂中的分配系数差异，使其在两相溶剂之间进行多次反复转换，选择性地分配于其中一层，适当改变溶剂的混合比例时，病毒还可以从其中一层转入另一层溶剂中，利用两相溶剂间分配系数法可以有效浓缩纯化病毒。常用的溶剂有葡聚糖硫酸盐（dextran sulphate，DS）和聚乙二醇（PEG）或甲基纤维素（MC）或聚乙烯醇（PVA），分别形成 DS-PEG 系、DS-MC 系和 DS-PVA 系。

该方法在相对温和的条件下进行，因此对病毒粒子的损伤相对较小，通过病毒在两个体系之间的多次转化能达到较好的纯化和浓缩的目的。然而当病毒粒子和杂质的分配系数相近时，该方法的纯化效果会受到影响，除此之外，如需要获得纯度较高的病毒粒子，往往需要配合亲和层析等方法进行进一步纯化。

以下是研究者使用水性两相系统（aqueous two-phase system，ATPS）纯化带包膜猪细小病毒（PPV）和非包膜病毒粒子人类免疫缺陷 1 型病毒样颗粒（HIV-1 VLP）的例子。病毒颗粒混合液和两相体系被一起加入，经过混合器搅拌之后以一定的流速到达沉降器，沉降器中的体系被分为上下两层，上层为 PEG 层，下层为柠檬酸盐层；其中病毒粒子将在 PEG 富集区存在而宿主 DNA 和杂质蛋白会被留在柠檬酸盐层。两种病毒均表现出比较好的宿主 DNA 和杂质蛋白去除率。具体实验步骤如下。

1）培养猪肾细胞（PK-13）用于 PPV 的繁殖，培养多形汉逊酵母（*Hansenula polymorpha*）用于 HIV-1 VLP 的表达。

2）用 PPV 感染 PK-13；构建表达载体转化进多形汉逊酵母细胞来表达 HIV-1 VLP。

3）混合器设计：分别设计了玻璃珠混合器和螺旋混合器，使用 COMSOL Multiphysics 软件对螺旋混合器进行模拟，以验证和比较其混合效果，根据模拟结果最后选择了螺旋混合器。

4）沉降器设计：取一个 15mL 离心管，在盖子的顶部、管子的底部和管子垂直壁的中间分别钻有 2mm 外径的孔，用于收集富含 PEG 的相、富含柠檬酸盐的相和进料管线。每个孔都用 DAP® RapidFuse® 快速固化通用黏合剂和塑料底漆胶水密封，以防止泄漏。

5）将 PEG、柠檬酸盐和水以适当比例混合，形成完整的 ATPS，将病毒样品放入体系中，通过混合器和沉降器，进行连续的纯化操作。

6）分别收集 PEG 富集相和柠檬酸盐富集相，其中病毒在 PEG 富集相。

第三节 层 析 法

病毒和非病毒组分杂质存在理化性质差异，层析法根据它们在固定相和流动相分配系数的不同，而最终将它们分离开来，从而达到纯化病毒的作用。

一、离子交换层析

病毒粒子表面通常携带正电荷或负电荷，离子交换层析根据这一特性选择带有相反电荷离子交换树脂，当病毒悬液通过离子交换树脂时病毒被吸附并与非病毒组分杂质分离，改变平衡液离子强度，使其再被洗脱下来从而达到纯化的目的（图 3-1A）。

离子交换层析具有灵敏度高、重复性好、分析速度快等优点，然而其缺点也很明显，首先对于成分复杂的混合体系来说，离子交换层析得到的峰会非常接近，这样会导致在洗脱需要的病毒成分时，可能会导致杂质的流入；其次离子交互层析可能会对某些对 pH 和离子强度敏感的病毒造成结构上的损伤，对于需要保持病毒活性的实验来说该方法并不是理想的选择。离子交换层析经常与其他方法或其他层析法混合使用来达到纯化病毒的目的。

二、分子筛层析

分子筛层析又称为凝胶过滤层析、排阻层析，其原理是：病毒悬液通过分子筛时，由于大分子物质直径大于分子筛网孔，被排阻于网孔外，流程短，流速快，首先流出层析柱，相反小分子物质流入分子筛网孔，流程长，流速慢而最后流出层析柱，这种方法利用病毒与非病毒组分之间分子大小不同而达到分离纯化的效果（图 3-1B）。凝胶（葡聚糖、琼脂糖、聚丙烯酰胺等）作为分子筛层析常用介质，其内部疏松多孔，凝胶交联度或孔径决定了凝胶的分级范围，一般原则是尽可能选择目标分离物分子量处于其分离范围中部的凝胶介质，实际研发应用和生产过程中，病毒产量大，细胞表达水平高，产物组分复杂，因此选择载量高、分辨率好、易清洗、刚性好的填料是病毒疫苗大规模生产纯化的一个关键技术。

由于分子筛层析是根据物质大小和形状这一物理属性来进行纯化，故该方法分离条件比较温和，避免了使用强酸、强碱、高浓度盐或者有机试剂对于病毒的损伤，有利于保持病毒的活性；该方法操作也相对简单，不需要过于繁杂的步骤。但该方法的缺点也很明显，分子筛层析的效率相对较低，需要耗费较长时间；虽然分离条件不会损伤病毒，但是可能会出现病毒吸附到凝胶颗粒上的情况，造成病毒损失。对于大小相近的不同病毒或病毒与杂质，该方法分辨率不高。

以下是联合使用分子筛层析和离子交换层析纯化灭活的流感病毒的例子。在此例中，研究者先用分子筛层析去除大部分杂质，洗脱下病毒峰后，将其转入离子交换层析中。在离子交换层析柱中，宿主 DNA 和其他杂质被吸附，而病毒随着流动相流出，之后用盐梯度溶液洗脱下吸附的宿主 DNA 和其他杂质。具体步骤如下。

1）培养 MDCK 细胞作为病毒的宿主细胞。

2）用流感病毒感染 MDCK，使流感病毒大量扩增。

3）使用 0.65μm 聚丙烯网膜和 0.45μm 聚醚砜膜结合过滤感染的 MDCK 细胞培养液上清，之后使用 β-丙内酯（3mmol/L，pH 7.5）在 37℃下孵育 24h 化学灭活。灭活的上清液通过超滤浓缩约 20 倍。

4）将使用的柱子泡在 0.5mol/L NaOH 溶液中消毒至少 1h，柱子保存在 20%（V/V）乙醇中。

5）装配分子筛层析柱，使用 Sepharose 4 FF 作为分子筛层析的介质，并将其装填到 XK 16/40 或 Tricorn 10/30 色谱柱中。使用磷酸盐缓冲液（20mmol/L，pH 7.3）作为洗脱液，流速为 60cm/h。将病毒浓缩液注入色谱柱，装载量为柱体积的 15%。收集洗脱液 0.30～0.58 个柱体积的部分作为病毒样。

6）装配离子交换层析柱，使用 Sepharose Q XL 作为离子交换层析的介质，并将其装填到 Tricorn 10/15 色谱柱中。使用与分子筛层析相同的洗脱液，流速为 200cm/h，对色谱柱进行平衡。将分子筛层析纯化的病毒在 0.65mol/L NaCl 的缓冲下注入色谱柱。在流动相里收集病毒液。以梯度洗脱的方式（最高 1.5mol/L NaCl）将结合在柱子上的宿主细胞 DNA 洗脱。

7）分别用 0.1mol/L HCl 和 2mol/L NaCl 的混合物及 1mol/L NaCl 和 1mol/L NaOH 的混合物清洗两个柱子，清洗时间分别为 5cv/23min 和 7cv/32min[cv 为柱体积（column volume）]。

三、亲和层析

一般纯化蛋白质等生物大分子主要依据各种大分子物质之间的理化性质差异，由于组织细胞培养物成分复杂，有效组分与杂质理化性质差异较小，因此利用分子之间亲和力分离得到有效成分的方法（亲和层析）便行之有效。病毒纯化时，通常是将病毒特异性抗体共价偶联到固相载体上，当添加样品溶液缓慢通过层析柱，由于抗原抗体亲和作用，有效成分被吸附，杂质流出，再改变缓冲液性质，将病毒从层析柱上洗脱收集，就可以收获相当纯的病毒（图 3-1C）。要进行亲和层析，首先需要选取合适的配基，配基要在一定条件下可以和待分离物结合，在适当条件下可以解离，同时可以被偶联到载体上并保持其良好活性。病毒表面通常由蛋白质组成，抗原性好，因此制备特异性的抗体作为配基，并偶联到载体上进行亲和层析是病毒纯化常用的技术路线，利用抗原抗体免疫性相互作用的亲和层析方法又称为免疫亲和层析。亲和层析在 20 世纪 80 年代初期就用于病毒纯化，该方法纯度高、稳定性好、回收率高，并保持病毒感染性，因此被广泛用于病毒纯化。

亲和层析因其高特异性、高纯度、高回收率而成为病毒纯度要求较高的实验的首要选择。此外，亲和层析还具有条件温和、不易破坏病毒粒子的优点，且对于绝大部分病毒来说，理论上只要能找到合适的配体，就能利用该方法进行纯化。然而，获取高特异性的配体往往需要更高的成本，每次需要针对某一种病毒配置专门的体系也限制了其处理多种病毒的效率。

以下是猪繁殖与呼吸综合征病毒（PRRSV）利用亲和层析纯化的例子，使用肝素作为 PRRSV 的配体，具体步骤如下。

1）培养 MARC-145 作为 PRRSV 的宿主细胞。

2）用 PRRSV 感染宿主细胞，使病毒大量扩增。

3）当 90% 的细胞出现病变时，反复冻融感染细胞三次，使病毒充分释放。4℃、5000×g 离心 20min，收集上清液。

4）使用 Macrosep® 离心装置（该装置配备了截断分子量为 300 000 的 Omega™ 膜）对澄清后的上清液进行浓缩和部分纯化。将样品于 4℃、5000×g 离心 1h。使用结合缓冲液（0.1mol/L NaCl，20mmol/L Tris-HCl，pH 7.5）对超滤液进行两次洗涤，以更换缓冲液。

5）用 20cv 的结合缓冲液平衡肝素预装柱；将上述超滤之后的病毒液通过 Acrodisc® 0.45μm PVDF 膜过滤。

6）将 3.5mL 过滤后的超滤液加载到色谱柱上。采用逐步洗脱策略进行洗脱：先在 20mmol/L Tris-HCl（pH 7.5）中用 0.1mol/L NaCl 进行洗涤，然后分别在 20mmol/L Tris-HCl（pH 7.5）中用 0.46mol/L NaCl 和 2mol/L NaCl 进行两次病毒洗脱。吸附和洗脱步骤使用的流速为 0.6mL/min。

7）每次运行后，用 20cv 的 1.5mol/L NaCl 在 50% 乙醇中再生色谱柱。再生步骤使用的流速为 2mL/min。

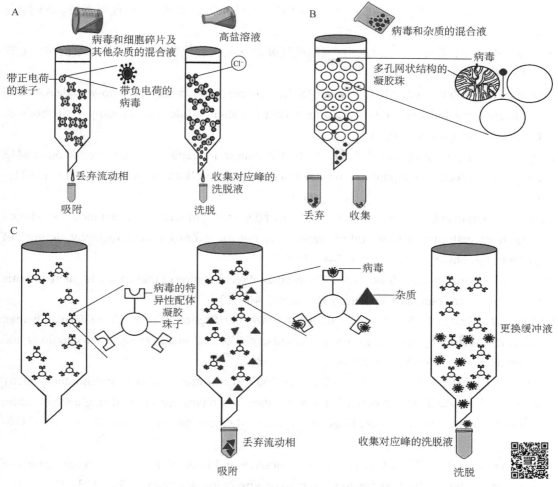

图 3-1 三种层析法纯化病毒的原理示意图

A. 离子交换层析纯化病毒原理；B. 分子筛层析纯化病毒原理；C. 亲和层析纯化病毒原理

💡 本章思考题

1. 请简述超速离心法在病毒浓缩与纯化中的应用，并比较差速离心与速度区带离心的优缺点。

2. 在病毒纯化过程中，为什么要使用密度梯度离心技术？它如何帮助提高纯度？

3. 病毒浓缩与纯化的目的有哪些？纯化后的病毒在研究和应用中有何重要作用？

主要参考文献

陈玉梅，周景明，刘东民，等.2020. 猪细小病毒病毒样颗粒的制备及其免疫评价. 河南农业科学，49（4）：131-137.

代昕宇，胡博，邓效禹，等.2024. 犬细小病毒层析纯化方法的建立. 畜牧与兽医，56（4）：49-53.

吴胜昔，李庆吉，鲁宁，等.2007. 红细胞吸附释放法纯化新城疫病毒. 重庆工学院学报（自然科学版），21（21）：4.

Crosson S M，Dib P，Smith K J，et al. 2018. Helper-free production of laboratory grade AAV and purification by iodixanol density gradient centrifugation. Molecular Therapy - Methods & Clinical Development，10：1-7.

Dong D，Sutaria S，Hwangbo J Y，et al. 2013. A simple and rapid method to isolate purer M13 phage by isoelectric precipitation. Applied Microbiology and Biotechnology，97（18）：8023-8029.

Hu J，Ni Y，Dryman B A，et al. 2010. Purification of porcine reproductive and respiratory syndrome virus from cell culture using ultrafiltration and heparin affinity chromatography. Journal of Chromatography A，1217（21）：3489-3493.

Jensen M T，Kemeny L J，Stone S S. 1979. Methanol precipitation of transmissible gastroenteritis virus. American Journal of Veterinary Research，40（12）：1798-1799.

Kalbfuss B，Wolff M，Morenweiser R，et al. 2007. Purification of cell culture-derived human influenza A virus by size-exclusion and anion-exchange chromatography. Biotechnology and Bioengineering，96（5）：932-944.

Kumar A A P，Mani K R，Palaniappan C，et al. 2005. Purification，potency and immunogenicity analysis of Vero cell culture-derived rabies vaccine：a comparative study of single-step column chromatography and zonal centrifuge purification. Microbes and Infection，7（9-10）：1110-1116.

Shi H，Tarabara V V. 2018. Charge，size distribution and hydrophobicity of viruses：effect of propagation and purification methods. Journal of Virological Methods，256：123-132.

Turpeinen D G，Joshi P U，Kriz S A，et al. 2021. Continuous purification of an enveloped and non-enveloped viral particle using an aqueous two-phase system. Separation and Purification Technology，DOI：10.1016/j.seppur.2021.118753.

Zolotukhin S，Byrne B J，Mason E，et al. 1999. Recombinant adeno-associated virus purification using novel methods improves infectious titer and yield. Gene Ther，6（6）：973.

第四章 病毒致细胞病变效应观察

🔅 **本章要点**

1. 通过学习致细胞病变效应，更深入地理解这一辅助病原学诊断的重要指标，从而更有效地识别病毒感染并评估其严重程度。
2. 深入学习病毒与宿主细胞的相互作用机制，特别是通过观察病毒包涵体和合胞体的形成，能够更深刻地揭示病毒如何入侵、复制并影响宿主细胞，从而为理解病毒致病机制、开发针对性治疗策略提供重要依据。

细胞 CPE 观察及病毒收集

　　病毒在易感细胞的复制过程中可引起细胞器的损伤，包括细胞核、内质网和线粒体等，使细胞出现混浊、肿胀、团缩等改变。在体外细胞培养实验中，病毒在易感细胞内大量复制、增殖引起细胞变圆、脱落、聚集、融合，甚至裂解死亡等一系列变化的现象，称为病毒的致细胞病变效应（cytopathic effect，CPE）。通常病毒在体外引起的 CPE 与其在体内感染产生的细胞损伤作用一致。不同种类的病毒引起的 CPE 特征不同，可以辅助病原学诊断。

　　病毒在易感细胞中增殖产生 CPE 的时间不同、表现形式多样，如腺病毒感染后 3~4d 可引起细胞变大、变圆、折射性能变化、葡萄串状聚集；单纯疱疹病毒（HSV）也可引起上述 CPE，但是在感染后 1~2d 产生，此外 HSV 增殖还形成具有颗粒状的多核巨细胞；麻疹病毒在细胞中增殖 7~14d 后可使细胞融合形成多核巨细胞，细胞核和细胞质内出现嗜酸性包涵体；呼吸道合胞病毒感染后 5~12d、流感病毒和腮腺炎病毒感染后 4~7d 可引起合胞体的形成；痘病毒复制可使细胞融合，2~4d 形成 1~6mm 的空斑；肠道病毒如脊髓灰质炎病毒和一些柯萨奇病毒引起 CPE 非常迅速，使细胞皱缩、脱壁、萎缩变性，1~3d 所有细胞都脱壁。有些病毒如某些虫媒病毒可以在原代仓鼠肾细胞、鸡或鸭的胚胎细胞或衍生细胞系分离出来，但不产生 CPE，而继续传代会产生空斑。本章介绍一些感染细菌和感染动物细胞的病毒所致 CPE 的观察方法。

　　噬菌体是一类专性寄生于细菌、放线菌等原核生物的病毒，其体积极其微小，广泛存在于各个生态环境。根据其繁殖方式分为两大类：毒性噬菌体和温和噬菌体。当毒性噬菌体侵染细菌细胞后可复制多个子代噬菌体并引起细菌细胞溶解死亡，如大肠杆菌 T2 和 T4 噬菌体。而温和噬菌体感染细菌后可以使细菌进入非裂解的溶原状态。使用噬菌体治疗细菌感染是从 20 世纪 20 年代东欧和苏联开始的。随着细菌抗生素耐药问题的增加，对噬菌体治疗细菌感染的应用研究更加广泛且深入。充分了解噬菌体的特性，快速准确地对其进行分离、培养、鉴定及计数，对生命科学及发酵工业研究与应用具有重要意义。

　　噬斑（plaque）测定是定量测定样品中毒性噬菌体数量而广泛使用的方法之一。只有对细胞造成明显损伤的噬菌体才能测定噬斑。

一、噬斑测定的原理

　　毒性噬菌体悬液与易感细菌细胞培养液混合后加入熔化的琼脂，以限制噬菌体在培养物中的随意流动。噬菌体附着并进入细菌细胞，在其内部复制，并裂解细菌。感染性噬菌体从最初感染的细菌细胞扩散至周围细胞，引起附近的细菌裂解，最终形成大到肉眼可见的斑块、透明区，即噬斑。斑块不会无限期地继续扩散，形成的噬斑大小取决于病毒、宿主和培养条件。在没有毒性噬菌体的情况下，细菌形成融合生长的菌膜。感染毒性噬菌体后可在琼脂培养基表面形成一个个肉眼可见的具有一定固定形状、大小和透明度的噬斑。

　　每个噬斑对应于单个噬菌体作为感染单位，即噬斑形成单位。形成的噬斑数量和适当的稀释倍数可用于计算样品中噬菌体的数量。噬斑测定中使用的培养基称为软琼脂，具有相对较低的琼脂百分比，它允许噬菌体扩散至附近的未感染细胞，但新的噬菌体不能移动到培养皿的远处。

二、噬斑形成试验和观察方法（双层琼脂平板法）

（一）实验材料

大肠杆菌、大肠杆菌噬菌体。

（二）实验试剂

肉汤液体培养基；双层琼脂培养基，上层半固体琼脂培养基（0.7%琼脂培养基），下层固体琼脂培养基（2%琼脂培养基）。

（三）实验器材

无菌锥形瓶、培养皿、摇床、培养箱、水浴锅、离心机、紫外分光光度计等。

（四）实验步骤

1）将大肠杆菌噬菌体溶液与处于对数生长期的大肠杆菌菌液 3～5mL 同时加入无菌锥形瓶中。

2）噬菌体的增殖培养：30℃振荡培养 12～18h。

3）将上述培养液 3000r/min 离心 15min，取上清液进行适当稀释，制备成噬菌体待测液。

4）将预先熔化并冷却到 45℃的上层半固体琼脂培养基与 0.2mL 上述噬菌体待测液和 0.2mL 大肠杆菌菌液混合，充分混合后平铺在下层固体琼脂培养基上。

5）30℃恒温培养 6～12h 观察结果。

6）在双层琼脂培养基的上层出现肉眼可见透亮、无菌、圆形空斑，即噬斑。

（五）实验结果与讨论

在完成噬斑形成试验后，我们观察到在双层琼脂平板上的噬菌体感染区域形成了清晰可见的噬斑，这些噬斑是由于噬菌体侵入并裂解宿主细菌细胞而形成的无菌透明区域。噬斑的数量和大小能够反映噬菌体的浓度及其感染能力。

第二节　空　斑

有些人或动物病毒感染宿主细胞后会导致细胞裂解，这类病毒的滴度即可以用蚀斑（空斑）形成试验来进行定量分析。理论上，一个空斑来源于一个有感染活性的病毒，计为一个空斑形成单位（plaque forming unit，PFU）。

病毒滴度测定（空斑法）

一、空斑形成试验的原理

将病毒悬液进行梯度稀释并感染单层细胞，待病毒吸附至细胞后，在细胞上覆以琼脂或甲基纤维素等固体介质来限制病毒在细胞间的扩散。当病毒进入易感细胞并在细胞中增殖后，以破胞释放子代病毒扩散至周围感染邻近细胞，形成局限性的细胞病变区，即空斑。经中性红或结晶紫等染料着色后，活细胞被着色，而裂解死亡的细胞不被着色，形成肉眼可见的空斑，通过测定空斑数量可计算病毒的滴度，即每毫升的空斑形成单位。

二、空斑形成试验和观察方法（以小鼠肝炎病毒为例）

1. 实验材料

1）待测病毒液：小鼠肝炎病毒。

2）DBT 细胞或 L2 细胞。

2. 实验试剂与耗材

1）2% FBS DMEM 培养液、1.3%甲基纤维素和 0.5%结晶紫（含 4%甲醛）、青链霉素（加到 DMEM 培养液中）等。

2）吸管、试管、12 孔细胞培养板等。

3. 实验仪器　　细胞培养箱、倒置显微镜、移液器等。

4. 实验步骤

1）单层细胞铺板：将生长状态良好的细胞接种于 12 孔细胞培养板，置 37℃、5% CO_2 细胞培养箱过夜培养，次日形成 90%～100% 汇合的细胞单层。

2）待测病毒液的系列稀释：将待测的病毒样品用 2% FBS DMEM 培养基进行 10 倍梯度稀释，制备 10^{-1}、10^{-2}、10^{-3}、10^{-4}、10^{-5}、10^{-6}、10^{-7}、10^{-8} 稀释度的病毒溶液。

3）病毒感染细胞：弃去单层细胞上清液，每孔加入 0.8mL 系列稀释的病毒液，置于细胞培养箱中孵育 2h。吸弃孔内上清液，每孔加入 1mL 1.3% 甲基纤维素覆盖物，置于 37℃ 细胞培养箱中继续培养 48h（图 4-1）。其间可以用倒置显微镜观察细胞生长状态。

4）固定染色：当细胞培养板出现肉眼可见的、清晰的空斑后，进行细胞固定染色。每孔分别加入 1mL 0.5% 结晶紫（含 4% 甲醛），室温染色 4～6h 后，用纯净水轻轻洗去覆盖物和结晶紫，晾干。

5. 实验结果观察　　计算空斑数量：计数每孔的空斑数量，按照下述公式计算病毒滴度。

每毫升的空斑形成单位＝稀释倍数×该稀释度的空斑数量 / 病毒液体积

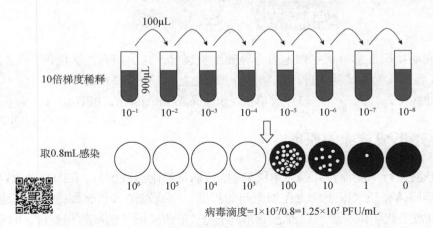

病毒滴度=1×10^7/0.8=1.25×10^7 PFU/mL

图 4-1　空斑形成试验步骤及结果的计算

第三节　病毒包涵体

某些病毒感染细胞后，常会在细胞质或细胞核内形成一种特殊结构，即包涵体（inclusion body），经染色后在光学显微镜下可见。不同病毒感染过程中形成的包涵体形态各异，多为圆形、椭圆形、不规则形；染色特性可分为嗜酸性和嗜碱性着色；存在部位也不同，可存在于细胞核和细胞质中，例如，狂犬病毒感染细胞产生的嗜酸性包涵体位于细胞质；疱疹病毒的嗜酸性包涵体位于细胞核内；麻疹病毒嗜酸性包涵体在细胞质和细胞核内均可出现。病毒包涵体由病毒或未装配的病毒成分组成，可以破坏细胞正常的结构和功能，有时引起细胞死亡。病毒包涵体因形态、染色、存在部位的差异而具有病原学辅助诊断价值。

一、吉姆萨染色的原理

吉姆萨（Giemsa）染液含有天青和伊红。细胞内碱性蛋白质可被酸性染料伊红染成粉红色，称为嗜酸性物质；细胞核蛋白和淋巴细胞的细胞质可被碱性染料天青染成蓝紫色，称为嗜碱性物质；中性颗粒呈等电状态，与伊红和天青均可结合，被染成淡紫色，称为中性物质。

吉姆萨染色对溶液 pH 十分敏感，需特别注意。细胞的成分中蛋白质为两性电解质，所带电荷随溶液 pH 而定，在偏酸性环境中蛋白质正电荷增多，易与伊红结合，染色偏红；在偏碱性环境中负电荷增多，易与天青结合，染色偏蓝。

二、病毒包涵体形成试验和观察方法

吉姆萨染色法可以用于多种病毒包涵体的检测，如 2019 新型冠状病毒（SARS-CoV-2）感染肺部的 Ⅱ 型肺泡上皮细胞（也称为 Ⅱ 型肺泡细胞）后，在细胞质形成鲜红色的嗜酸性包涵体；呼吸道合胞病毒（RSV）感染支气管上皮细胞、Ⅰ 型和 Ⅱ 型肺泡上皮细胞后，在细胞质内可见粉红色、卵圆形的嗜酸性包涵体；巨细胞病毒（CMV）包涵体位于肺泡上皮细胞的核内，为深紫色至蓝色的嗜酸性包涵体，其位置和颜色主要与其感染的靶细胞相关。下面以 SARS-CoV-2、RSV 和 CMV 感染的肺组织切片为例，介绍病毒包涵体的观察方法。

1. 实验材料

1）SARS-CoV-2。

2）RSV 和 CMV 感染肺组织的蜡块组织切片。

2. 实验试剂与耗材

1）吉姆萨染液、0.01mol/L 磷酸盐溶液、PBS（pH 6.8）、0.01%柠檬酸水溶液、丙酮、二甲苯、中性树胶、蒸馏水等。

2）吸管、试管等。

3. 实验仪器　　倒置显微镜、移液器等。

4. 实验步骤

1）组织切片脱蜡至蒸馏水洗。

2）将切片浸入 0.01mol/L 磷酸盐溶液中，每隔 3min 洗 1 次，共 3 次。

3）将切片置于 pH 7.6 的吉姆萨染液中浸染过夜。

4）取出切片，用 PBS 冲洗 15min。

5）使用 0.01%柠檬酸水溶液分化，并于倒置显微镜下观察以控制进程，蒸馏水洗。

6）将切片晾干后，用丙酮脱水 1～2min。

7）将切片置于 1∶1 的丙酮和二甲苯溶液中 1～2min。

8）随后在二甲苯中透明，中性树胶封固切片。

5. 实验结果观察　　通过倒置显微镜可观察到位于肺泡上皮细胞细胞质中的 SARS-CoV-2 嗜酸性包涵体呈鲜红色；而位于肺泡上皮细胞的细胞质中的卵圆形 RSV 嗜酸性包涵体呈粉色；CMV 嗜酸性包涵体位于肺组织的肺泡上皮细胞核内，呈深紫色至蓝色。

第四节　合　胞　体

合胞体（syncytium）是病毒感染宿主细胞产生的一种 CPE。当某些病毒感染宿主易感细胞后，促使宿主细胞与周围相同类型细胞发生融合，并最终形成多核巨细胞，即合胞体。

一、合胞体形成的原理

有些病毒如 RSV，其病毒体表面的 G 蛋白可与细胞表面受体结合，附着在细胞上，而 F 蛋白促进病毒包膜与细胞膜在中性 pH 条件下融合。F 蛋白和 G 蛋白可表达在靶细胞的细胞膜上，因此可以将感染 RSV 的靶细胞膜与邻近未感染细胞融合，形成多核巨细胞，即合胞体。

二、合胞体形成试验和观察方法

1. 实验材料
1）Hep-2 细胞系。
2）呼吸道合胞病毒（respiratory syncytial virus，RSV）储存液。

2. 实验试剂与耗材
1）2% FBS DMEM 培养液、PBS、青链霉素（加到 DMEM 培养液中）等。
2）吸管、试管、12 孔细胞培养板等。

3. 实验仪器　　细胞培养箱、倒置显微镜、移液器等。

4. 实验步骤
1）将 Hep-2 细胞接种于 12 孔细胞培养板，过夜培养，待细胞长至 80%～90% 汇合度。
2）弃掉细胞培养液，使用 PBS 清洗细胞两次。
3）将解冻后的 RSV 用 2% FBS DMEM 培养液稀释后，吸取 400μL 加到 Hep-2 细胞上。将 12 孔细胞培养板置于 37℃、5% CO_2 细胞培养箱吸附 1～2h。
4）吸附完成后，弃去细胞上清液，用 PBS 清洗两遍，加入 1mL 2% FBS DMEM 培养液，将 12 孔细胞培养板置于 37℃、5% CO_2 细胞培养箱中，继续培养 24～48h。

5. 实验结果观察　　在感染后 24～48h，将细胞培养板置于倒置显微镜下观察。镜下可见融合的多核巨细胞形成，即 RSV 诱导的合胞体。

💡 **本章思考题**

1. 病毒的致细胞病变效应（CPE）有哪些常见的表现形式？如何通过观察 CPE 来研究

病毒与宿主细胞的相互作用？

   2. 空斑形成试验在病毒学研究中有什么用途？它是如何工作的？

   3. 观察病毒包涵体和合胞体对研究病毒与宿主细胞的关系有何帮助？

主要参考文献

George V G，Hierholzer J C，Ades E W. 1996. Virology Methods Manual. Amsterdam：Elsevier.

Queromes G，Frobert E，Bouscambert-Duchamp M，et al. 2023. Rapid and reliable inactivation protocols for the diagnostics of emerging viruses：the example of SARS-Cov-2 and monkeypox virus. J Med Virol，95（1）：E28126.

第五章 病毒的红细胞凝集试验和红细胞凝集抑制试验

🔆 **本章要点**

1. 通过学习病毒与红细胞表面受体的特异性结合原理，深入理解病毒入侵宿主细胞的关键机制，为病毒的早期诊断等提供坚实的理论基础。
2. 通过掌握红细胞凝集试验的技术要点，包括检测病毒红细胞凝集素的活性、利用该特性鉴定未知病毒及测定血清中抗体的效价，我们能够更深入地了解病毒的生物学特性，并为病毒的病原学研究和血清学诊断提供有力支持。

　　某些病毒在一定条件下，能选择性地与人或某些动物红细胞（如鸡、豚鼠等）上的受体结合，产生红细胞凝集反应，称为病毒的血凝。例如，流感病毒的红细胞凝集素（血凝素）能与人或其他动物多种红细胞唾液酸受体结合，引起红细胞凝集。此外，牛痘病毒、乙型脑炎病毒、埃可病毒、新城疫病毒等都具有类似的红细胞凝集特性，利用这种特性设计的试验称为红细胞凝集试验，也称为血凝（hemagglutination，HA）试验。病毒凝集红细胞的能力可被相应的特异性抗体所抑制，即红细胞凝集抑制试验，也称为血凝抑制（hemagglutination inhibition，HAI）试验，该试验具有特异性。

　　以流感病毒的红细胞凝集特性为例，通过红细胞凝集试验，可以检测标本中是否存在流感病毒，并且可以滴定流感病毒的血凝效价。通过红细胞凝集抑制试验，可用血清中已知的特异性抗体来鉴定未知流感病毒的型、亚型，也可用已知的流感病毒来检测血清中血凝抑制抗体的存在并测定其效价。

　　红细胞吸附、红细胞凝集及红细胞凝集抑制试验大大推动了一些病毒如流感病毒的研究、教学、监测，以及辅助诊断工作的开展。时至今日，红细胞凝集试验和红细胞凝集抑制试验依然是流感相关的各方面工作中应用最广泛的技术。

第一节 红细胞吸附试验

　　红细胞吸附（hemadsorption，HAd）试验是指某些病毒，如正黏病毒科（流感病毒）、副黏病毒科和痘病毒科等，在培养细胞中增殖后，基本上或完全观察不到被感染细胞出现 CPE，但由于被感染细胞的细胞膜上出现血凝素，可使细胞培养物吸附某些哺乳类或禽类动物的红细胞，且只有感染细胞的表面吸附红细胞，未感染细胞不吸附红细胞。

红细胞吸附试验

一、病毒易感细胞培养

以流感病毒为例，首先在细胞培养皿中培养流感病毒（需在生物安全二级实验室进行实验）的易感细胞，如 MDCK 等，待其长成单层后，弃去培养基，采用 Hank's 液洗涤细胞 2 遍。

二、接种病毒

按常规方法接种病毒，对照组加入等量 Hank's 液。置于 33～35℃吸附 2h，弃去接种液，用 Hank's 液洗涤 2 遍，然后加入 Hank's 液，置于 33～35℃孵育。

三、红细胞吸附

向培养细胞中加入 0.6%鸡红细胞悬液，轻柔摇动，使鸡红细胞悬液均匀地铺在培养细胞上。室温静置 15min。将红细胞悬液弃去，用 Hank's 液轻轻洗涤细胞 2 次，除去未吸附的红细胞。

四、结果观察和判断

置于光学显微镜下观察。若出现鸡红细胞黏附于单层细胞中感染细胞的表面，则判断为红细胞吸附试验阳性。当病毒大量增殖时，可使整个单层细胞黏附满红细胞。如果需要定量，可将病毒定量稀释后接种，根据结果计算半数组织培养感染量（$TCID_{50}$）。

第二节　红细胞凝集试验

红细胞凝集试验是 1941～1942 年，由美国病毒学家 George Hirst 研发的。红细胞凝集反应是指在某些包膜病毒（如流感病毒）存在的情况下，病毒表面的红细胞凝集素抗原与红细胞相互作用，进而导致的一种红细胞凝集现象。可用于检测病毒感染、测定血清抗体滴度、诊断疾病等，由于其高灵敏度和特异性，并且操作简单、成本低廉，已经广泛运用于临床和实验室研究。

普通红细胞在没有病毒存在的情况下，会逐渐沉积在试管底部，形成红点，如图 5-1A

所示。而在病毒存在的情况下，病毒表面的血凝素抗原和红细胞相互作用，彼此"粘连"，会形成凝块铺于管底，如图 5-1B 所示。

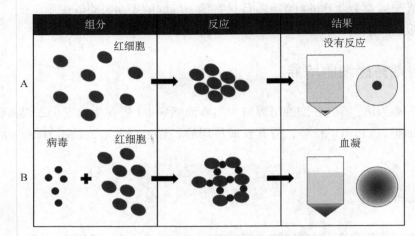

图 5-1 红细胞凝集试验原理示意图

一、红细胞悬液制备

以鸡红细胞为例来进行介绍。取 10mL 或 20mL 容量注射器，吸入约 3mL Alsever's 液，然后从鸡翅静脉或心脏处采血，用无菌 PBS 洗涤鸡红细胞 3 次，前两次离心条件均为 1500r/min，离心 5min，最后一次离心条件为 1500r/min，离心 10min，弃上清液。用 PBS 反复吹打 10 次以上并配成 0.6%（或 1%）鸡红细胞悬液，写好标签置于 4℃待用。0.6%鸡红细胞悬液置于 4℃能保存 7d 左右，一旦发生溶血则应舍弃并重新制备。

二、病毒液的倍比稀释

根据所用的红细胞种类选用适当的血凝板（U 形或 V 形底）。将血凝板横向放置：垂直方向称列，如孔 A1～H1 称为第一列；平行方向称行，如 A1～A12 称为 A 行。标记好待检病毒的实验室编号及加样顺序（图 5-2）。

取 8 通道移液器装好 200μL 带滤芯滴头，于加样槽中吸取 50μL PBS 加入血凝板的第二列，依次加入 50μL PBS 直至最后一列。然后加入待检病毒，单道移液器装好 200μL 带滤芯滴头，吸取 100μL 待检病毒液，加入已标记好的血凝板的第一列孔内。最后的 H1 孔内加 100μL PBS 作为红细胞对照组。

移液器装好 200μL 带滤芯滴头，从第一列的各孔分别取 50μL 病毒液，加入到第二列的同行相应的各孔中，吹吸混匀病毒液。依次从血凝板的第二列至第十一列做二倍比系列稀释，最后从第十一列每孔吸出 50μL 弃去。

·42·

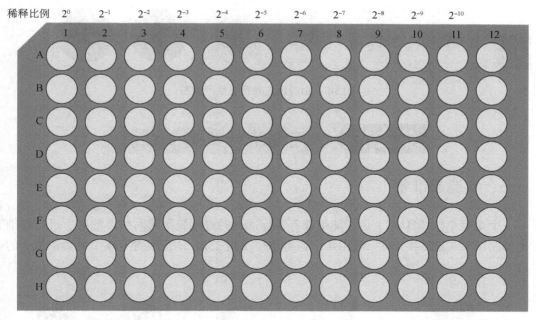

图 5-2　96 孔血凝板示意图

三、加入红细胞悬液

移液器装好 200μL 带滤芯滴头，于加样槽中吸取 50μL 鸡红细胞悬液。每孔加入 50μL 0.6%鸡红细胞悬液，轻弹血凝板，使鸡红细胞与病毒液充分混合。室温孵育 30～60min。

四、结果观察和判断

观察红细胞凝集现象并记录结果。红细胞凝集滴度的判定以出现"++"程度凝集的最高稀释度为终点，其稀释度的倒数即病毒的红细胞凝集滴度，也称为 1 个血凝单位（hemagglutination unit，HAU）。红细胞出现凝集现象以"+"记录，并根据凝集程度以"++++、+++、++、+"表示，无凝集现象以"-"记录。

结果判定，如图 5-3 所示。

++++：红细胞形成片状凝集，均匀分布于孔底，呈致密团块状，边缘不整齐而有卷边现象。

+++：红细胞形成片状凝集，均匀分布于孔底，但较为疏松。

++：红细胞部分沉积于孔底，形成一个小圆团状，四周形成片状凝集，面积较小，边缘较松散。

+：红细胞大部分沉积于孔底，形成一个较大圆团状，四周有少量散在小凝集块。

-：红细胞全部沉积于孔底，形成整个圆团状，边缘整齐光滑。

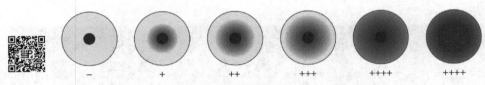

图 5-3　血凝反应凝集强度示意图

第三节　红细胞凝集抑制试验

一、实验前准备

一个血凝单位（HAU）是指能引起等量标准化的红细胞凝集时病毒的量。进行红细胞凝集抑制试验（图 5-4）时一般用 4 个血凝单位（指 25μL 体积中含有 4 个血凝单位）的病毒量。

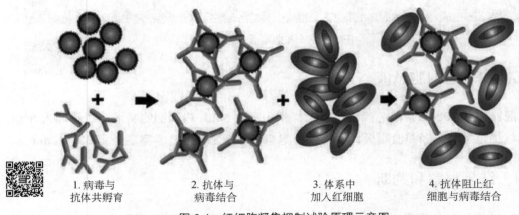

　　1. 病毒与　　　　　　2. 抗体与　　　　　　3. 体系中　　　　　　4. 抗体阻止红
　　抗体共孵育　　　　　病毒结合　　　　　加入红细胞　　　　细胞与病毒结合

图 5-4　红细胞凝集抑制试验原理示意图

制备用于红细胞凝集抑制试验的 4 个血凝单位的抗原：计算红细胞凝集抑制试验所需的病毒液的总量，即根据参比血清的份数计算出实验所需病毒液总量，然后配制抗原。例如，每份血清做 8 孔稀释，每孔用 25μL 抗原，那么测定一份血清至少需要 0.2mL 抗原。

计算 4 个血凝单位的病毒稀释度：例如，通过上述红细胞凝集试验，得出病毒原液的滴度为 512HAU/50μL，即每 50μL 病毒原液中含有 512 个血凝单位，由此需要将病毒原液稀释 128 倍，才能获得 4HAU/50μL 的病毒液。如果需配制 4HAU/25μL 的病毒液，就需要将病毒原液稀释 64 倍。

二、血清的倍比稀释

将 96 孔血凝板、含有消毒液的病毒消毒缸放入生物安全柜中。紫外线灯照射 30min 左右。关掉紫外线灯后开排风及照明，将 PBS、鸡红细胞和稀释的病毒抗原置于加样槽中，配制好的鸡红细胞需混匀。在 96 孔血凝板（同图 5-2 中 96 孔板孔命名所示）中稀释血清，除 H 行外，每孔各加 25μL PBS。

H1～H6 分别加入 10 倍稀释的参比抗血清，每孔加入 50μL，则 H 行的抗血清稀释度为 1∶10。禽流感病毒检测中常用的 6 种参比抗血清：抗 H3 亚型血清、抗 H4 亚型血清、抗 H6 亚型血清、抗 H7 亚型血清、抗 H9 亚型血清、抗 H5 亚型血清。第 8 列作为抗血清对照，在 H8 加入阳性抗血清 50μL；第 10 列作为抗原对照，在 H10 加入 50μL PBS；第 12 列作为红细胞对照组，在 H12 加入 50μL PBS。用多通道移液器从 H 行分别取 25μL 血清，由 H 行至 A 行做倍比稀释血清，自 A 行每孔吸出 25μL 弃去。

三、加入病毒液

用多通道移液器在第 1～6 列、第 8、10 列中每孔均加入 25μL 待检病毒液（4 个血凝单位），注意从 H 行开始加样，此时吸头悬空，不接触血清稀释液，准确地将病毒液添入孔中，一直加到 A 行。用多通道移液器在第 12 列加入 25μL PBS。将 96 孔血凝板盖上盖子，轻拍孔板辅助混匀，室温孵育 15min。

四、加入红细胞悬液

每孔加入 0.6% 鸡红细胞悬液 50μL 混匀，室温孵育 30～60min，注意及时观察结果。

五、结果观察和判断

观察血凝板，判读结果时将板倾斜（45°左右）。
+：红细胞全部凝集，均匀铺于孔底，即无红细胞凝集抑制。
−：红细胞于孔底呈小圆点，边缘光滑整齐，即红细胞凝集完全抑制。
红细胞凝集抑制效价是指红细胞凝集抑制出现时血清的最高稀释度的倒数。例如，1∶80 稀释的血清孔不出现凝集（完全抑制，−），1∶160 稀释的血清孔出现凝集（无红细胞凝集抑制，+），该血清对测定病毒的红细胞凝集抑制效价为 80。参比血清对待检抗原的抑制效价≥20 才可以算为阳性。一个待检抗原不能同时被两种或两种以上的参比血清抑制。待检病毒与参比血清有交叉抑制，但与一种参比血清抑制效价大于其他参比血清 4 倍以上时，可以判定为此种流感病毒。

本章思考题

1. 请解释红细胞吸附试验的工作原理，并说明其在病毒学中的应用。
2. 如果在实验中遇到红细胞凝集不完全的情况，可能的原因是什么？如何解决？
3. 在红细胞凝集试验中，如何根据实验结果判断病毒的效价？

主要参考文献

Howe C，Lee L T. 1972. Virus-erythrocyte interactions. Advances in Virus Research，17：1-50.

Katz D，Ben-moshe H，Alon S. 1976. Titration of Newcastle disease virus and its neutralizing antibodies in microplates by a modified hemadsorption and hemadsorption inhibition method. J Clin Microbiol，3（3）：227-232.

Spackman E. 2014. Animal Influenza Virus. 2nd ed. New York：Humana Press.

Vogel J，Shelokov A. 1957. Adsorption-hemagglutination test for influenza virus in monkey kidney tissue culture. Science，126（3269）：358-359.

第六章 病毒定量及感染力测定

本章要点

1. 通过学习并掌握空斑形成单位（PFU）、半数组织培养感染量（$TCID_{50}$）等病毒定量方法，能够深刻理解其基本原理、实验步骤和操作流程。
2. 通过学习并应用鸡胚半数感染量（EID_{50}）、半数致死量（LD_{50}）等感染力评估指标，能够全面评估病毒的毒力和致病性，进而为病毒病原学研究和应用奠定基础。
3. 通过学习并掌握血凝单位（HAU）的计算方法，针对具有血凝素活性的病毒，如流感病毒，能够精确测定其效价，为病毒的分离、鉴定及疫苗的研发提供有力的技术支撑。

　　病毒学研究中，准确量化病毒的数量和评估其感染力是至关重要的。本章主要介绍了几种关键的技术手段，包括空斑形成单位（PFU）测定、半数组织培养感染量（$TCID_{50}$）测定、鸡胚半数感染量（EID_{50}）测定、半数致死量（LD_{50}）测定及血凝单位（HAU）测定。这些方法各有侧重，旨在从不同的角度全面评估病毒的感染性和毒性特征。

　　空斑形成单位（PFU）测定是最直接且精确的病毒定量方法之一，它通过观察病毒感染细胞后在琼脂覆盖层下形成的空斑数量来衡量病毒悬液中感染性病毒颗粒的浓度。这种方法不仅提供了病毒效价的具体数值，还能够直观展示病毒在细胞层中的感染模式，对于理解病毒的传播机制具有重要意义。半数组织培养感染量（$TCID_{50}$）则是一种更为敏感的测定方法，它通过统计引起 50%细胞病变所需的最低病毒量来估算病毒的感染性。这种方法虽然不如空斑形成单位测定精确，但在检测低浓度病毒样品时表现出更高的灵敏度，并且能够较好地反映病毒的生物学特性。鸡胚半数感染量（EID_{50}）测定主要用于正黏病毒和副黏病毒等能在鸡胚中增殖的病毒，通过观察鸡胚感染后的存活情况来计算病毒的感染剂量。这种方法操作简单，成本相对低廉，适合大规模筛查工作。半数致死量（LD_{50}）测定则是评估病毒毒力的重要指标，它定义了能够导致 50%实验动物死亡的病毒剂量。LD_{50}不仅反映了病毒的致病性，还可以用来比较不同病毒株之间的毒力差异，对于评估新出现的病毒变种具有重要价值。血凝单位（HAU）测定则专门针对那些能够在红细胞表面引起凝集反应的病毒，如流感病毒和新城疫病毒等。通过测定病毒引起红细胞凝集的最大稀释倍数，可以确定病毒的效价。这一技术简单快速，常用于初步筛选和病毒滴度的快速测定。

综合运用这些方法，不仅可以全面了解病毒的生物学特性，还能为疫苗研发、抗病毒药物筛选及公共卫生决策提供科学依据。随着技术的进步，未来可能会出现更多高效、精确的病毒定量和感染力测定方法，进一步推动病毒学领域的发展。

第一节　空斑形成单位的计算

一、基本概念和实验原理

空斑形成试验是目前测定病毒感染性最精确的方法。将适当浓度的病毒悬液接种到单层生长细胞的培养皿或培养瓶中，当病毒吸附于细胞上后，再在其上覆盖一层熔化的半固体营养琼脂层，待营养琼脂凝固后，继续培养3~5d。当病毒在细胞内复制增殖后，每一个感染性病毒颗粒在单层细胞中产生一个局限性的感染细胞病灶，即空斑。若用中性红等活性染料着色，在红色背景中清晰显出没有着色的"空斑"。由于每个空斑是由单个病毒颗粒复制形成的，所以以每毫升能形成的空斑数量表示病毒悬液中含有的感染性病毒量。

二、实验前准备

1. 实验材料

1）待测病毒液：柯萨奇病毒B组3型（CBV3）。

2）HeLa细胞。

2. 实验试剂与器材

1）2% FBS MEM 培养液或 PRMI 1640 维持液、Hank's 液、中性红溶液（3.3mg/mL）和1.5%低熔点琼脂等。

2）细胞培养箱、细胞培养板、吸管、试管、血细胞计数器等。

三、实验方法（以6孔细胞板为例）

1）HeLa 细胞的制备。将 HeLa 细胞用 EDTA-胰酶消化后计数，以 5×10^5/孔细胞密度接种于细胞培养板，于37℃、5% CO_2 细胞培养箱培养24h。

2）病毒的稀释。将待测病毒液用 2% FBS MEM 培养液或 PRMI 1640 维持液进行对数稀释。

3）细胞润洗。将24h培养生长良好的单层细胞培养瓶内的细胞培养基弃去，用 Hank's 液洗涤细胞三次。

4）每孔加入 500μL 各稀释度的病毒液，轻轻摇匀，每个稀释度至少设置3个复孔，同时设置正常细胞对照，仅加入等量的病毒维持液。放置 37℃细胞培养箱孵育 1h，每 30min 摇动细胞培养板一次。

5）弃去病毒液，用 Hank's 液润洗 1 次。每个细胞培养板内加入 3mL 已熔化的 1.5%低熔点琼脂，以完全覆盖孔板。室温静置至琼脂凝固后，将琼脂层向上，放置于细胞培养箱内培养 3～5d，每日观察细胞病变情况。

四、实验结果

由于覆盖琼脂内含有中性红，在红色背景上可见无色的空斑。选择空斑不融合、分散呈单个的孔，分别计算空斑数量，再求平均值。

第二节　半数组织培养感染量（TCID$_{50}$）的计算

一、基本概念和实验原理

半数组织培养感染量（50% tissue culture infection dose，TCID$_{50}$）是测定病毒感染鸡胚、易感动物或组织细胞培养后，引起 50%死亡或病变的最小病毒量，即将病毒悬液进行 10 倍连续稀释，接种于鸡胚、易感动物或组织细胞培养中，经一定时间后，观察细胞或鸡胚病变，如尿囊绒毛膜上产生痘斑或

病毒滴度测定 TCID$_{50}$ 法

尿囊液有血凝特性、易感动物发病而死亡，或易感细胞出现 CPE 等，经统计学方法计算出 50%感染量或 50%组织细胞感染量，即可获得比较准确的病毒感染性滴度。该方法只能估计病毒的含量及感染性强弱，不能准确测定感染性病毒颗粒的多少。这里介绍采用微量培养法测定 TCID$_{50}$。

二、实验前准备

1. 实验材料
1）待测病毒液：柯萨奇病毒 B 组 3 型（CBV3）。
2）HeLa 细胞。
2. 实验试剂与器材
1）2% FBS MEM 培养液或 PRMI 1640 维持液、Hank's 液等。
2）细胞培养箱、经紫外线照射 2h 的 40 孔塑料组织培养板及微量移液器、吸管、试管等。

三、实验方法（以 40 孔塑料组织培养板接种为例）

1）HeLa 细胞的制备。将生长旺盛的单层 HeLa 细胞，用 0.02% EDTA-胰酶消化并计数，用 2% FBS MEM 培养液或 PRMI 1640 维持液重悬细胞，以 $4×10^4$/孔细胞密度接种于灭菌塑料组织培养板微孔中，将培养板置于 37℃、5% CO$_2$ 细胞培养箱培养 12～18h，

使细胞长成单层。

2）病毒的稀释。将待测病毒液用 2% FBS MEM 培养液或 PRMI 1640 维持液进行 10 倍倍比稀释，使病毒液浓度分别为 10^{-1}，10^{-2}，10^{-3}，…，10^{-10}。

3）细胞润洗。弃去培养板中细胞培养基，各细胞孔用 Hank's 液洗涤 2 次。

4）每孔加入不同稀释度的病毒液 0.1mL，每个稀释度设置 4 个复孔。同时设置 4 个孔分别加入 0.1mL 维持液，作为空白对照。放置于细胞培养箱孵育 1h。

5）往各孔加入维持液 0.1mL，轻轻摇匀，37℃、5% CO_2 细胞培养箱静置培养，逐日观察细胞病变，连续观察 3～7d，根据下面判断标准写出表示 CPE 程度的符号。

－：细胞无病变。

＋：25%左右的细胞发生病变。

＋＋：25%～50%的细胞发生病变。

＋＋＋：50%～75%的细胞发生病变。

＋＋＋＋：75%～100%的细胞发生病变。

6）以"＋＋"细胞病变判定为阳性病变孔，计算 $TCID_{50}$。

四、实验结果

整理连续观察记录，按 Reed-Muench 法计算病毒能致半数细胞培养孔产生细胞病变的最高稀释度，即该病毒的 $TCID_{50}$。举例计算见表 6-1。

按表 6-1，致半数 CPE 的病毒稀释度介于 10^{-5} 和 10^{-6} 之间，按下式计算距离比例：

$$距离比例 = \frac{高于50\%感染百分数 - 50\%}{高于50\%感染百分数 - 低于50\%感染百分数} = \frac{83\% - 50\%}{83\% - 40\%} = 0.77$$

表 6-1 用 Reed-Muench 法计算病毒 $TCID_{50}$ 举例

病毒稀释度	细胞病变（CPE）	累积孔数		病变细胞孔	
	病变孔数/接种孔数	有病变	无病变	比例	%
10^{-4}	4/4	9	0	9/9	100
10^{-5}	3/4	5	1	5/6	83
10^{-6}	2/4	2	3	2/5	40
10^{-7}	0/4	0	7	0/7	4

稀释系数的对数：1:10 稀释为 1；半对数稀释为 0.5；倍比稀释为 0.3；1:5 稀释为 0.7。

$TCID_{50}$ 的对数=大于 50%的阳性百分比的最高稀释对数+距离比例×稀释系数的对数=5+0.77×1=5.77，即 $TCID_{50}$=$10^{-5.77}$/0.1mL。将病毒悬液稀释为 $10^{-5.77}$ 时，0.1mL 中含一个 $TCID_{50}$ 病毒。查反对数得 588 844，即该病毒 588 844 倍稀释液 0.1mL 等于 1 个 $TCID_{50}$。

第三节　鸡胚半数感染量（EID$_{50}$）的计算

一、基本概念和实验原理

鸡胚半数感染量（50% egg infectious dose，EID$_{50}$）是把一系列等比稀释后的病毒稀释液接种到高易感性的鸡胚中，计算病毒增殖后呈阳性反应的鸡胚数量，获得使50%的鸡胚致死的病毒稀释倍数。该方法能方便地测定正黏病毒和副黏病毒的感染性。

二、实验前准备

1. 实验材料

1）待测病毒样品：流感病毒（H1N1 PR8）。

2）9～11日龄无菌鸡胚。

2. 实验试剂与器材

1）无菌 1×PBS。

2）无菌石蜡、酒精棉球等。

3）35℃孵育箱、照卵灯、开孔针、一次性1mL注射器、铅笔、EP管等。

三、实验方法（以流感病毒为例）

1）检查和标记鸡胚。使用照卵灯检查鸡胚，用铅笔在鸡胚壳标记出气室和尿囊的边界，并丢弃不合格的鸡胚。用酒精棉球擦拭消毒鸡胚表面，按以上标记在气室位置用开孔针轻柔开孔，备用。

2）病毒稀释。将待测病毒样品用无菌1×PBS进行对数稀释，如 10^{-1}～10^{-10}。

3）接种。使用一次性1mL注射器吸取0.1mL梯度稀释的待测病毒液，接种至开孔鸡胚，避免刺伤胚胎。每个稀释度设置4个重复。接种后用无菌石蜡封闭开孔位置，避免污染。

4）将接种好的鸡胚置于35℃孵育箱竖直培养2～3d，每天检查鸡胚情况。若24h内发现鸡胚死亡，认定为非特异性死亡，丢弃，不进行计算。

5）收集鸡胚尿囊液进行红细胞凝集试验，根据试验结果进行计算。

计算方法：lgEID$_{50}$=大于50%死亡的稀释倍数的对数+稀释系数的对数×距离比例

距离比例=（高于50%的死亡率-50%）/（高于50%的死亡率-低于50%的死亡率）

第四节 半数致死量（LD₅₀）的计算

一、基本概念和实验原理

半数致死量（lethal dose 50%，LD_{50}）是指通过滴鼻、腹腔注射等指定攻毒策略给予病毒感染后，能够引起试验动物一半死亡的病毒滴度，通常用病毒滴度的对数值表示，是药物和病原微生物等毒力水平的重要标志之一，LD_{50} 值越小，表示待测病毒样品毒性越强；反之，LD_{50} 值越大，则毒性越低。LD_{50} 的测定需要遵循剂量必须按等比级数（剂量对数按等级数）分组；各组动物数保持一致；致死反应发生需大致符合正态分布。

二、实验前准备

1. 实验材料
1）待测病毒样品：流感病毒（H1N1 PR8）。
2）6 周龄 C57BL/6 小鼠。
2. 实验器材　天平、移液器、枪头、EP 管等。

三、实验方法

1）小鼠分组。尽量保证各组小鼠年龄、雌雄和体重均衡。每组动物数必须多于设置的组数，若每组动物数少于组数，便不能充分反映各组死亡率的差异。
2）按照设定的病毒剂量，通过小鼠滴鼻方式接种流感病毒，观察小鼠死亡情况，记录死亡时间和数量，计算死亡率。

四、实验结果

一般实验室中常规计算方法是改进寇氏法。首先计算出各组死亡率，再用公式 $\lg LD_{50} = x_m - i(\sum p - 0.5)$ 计算出 LD_{50} 的对数值，经查反对数值后即得。为了避免不必要的误差，要求最大剂量组在 100%～80%，最小组在 20%～0%，此时改用 $\lg LD_{50} = x_m - 1/2i\sum(p_i + p_{i+1})$ 公式。

式中，x_m 为最大剂量的对数；i 为相邻剂量的比值的对数；$\sum p$ 为各组死亡率总和；$p_i + p_{i+1}$ 为相邻两组死亡率之和。

第五节　血凝单位（HAU）的计算

一、基本概念和实验原理

流感病毒、新城疫病毒等病毒颗粒表面有血凝素，具有使鸡、豚鼠等动物红细胞凝集的能力。把一定浓度的鸡红细胞加到待检的含有病毒的鸡胚尿囊液中，根据不同稀释度尿囊液中病毒对鸡红细胞凝集的程度，即可确定尿囊液中病毒的效价（滴度）。

二、实验前准备

1. 实验材料
1）待测病毒样品：流感病毒（H1N1 PR8）。
2）1%鸡红细胞悬液。
2. 实验试剂与器材
1）无菌 1×PBS。
2）移液器、枪头、V 形或 U 形 96 孔血凝板等。

三、实验方法

1）铺板：往 96 孔血凝板中加入 PBS，每孔 25μL。
2）病毒稀释：吸取 25μL 待测病毒样品加入已加 PBS 的孔内，吹打混匀后，吸取 25μL 加入下一个 PBS 孔内，依此类推进行 2 倍梯度稀释。最后设置对照孔，只有 PBS 和鸡红细胞。
3）向每个样品孔加入 25μL 1%鸡红细胞悬液，轻轻水平振荡均匀，置室温 20～45min 后观察实验结果并记录。

四、实验结果

1）红细胞凝集结果的判定：红细胞凝集结果以++++、+++、++、+、-表示，如图 6-1 所示。
红细胞均匀分布于孔底者为++++；红细胞均匀分布于孔底，但有卷边现象为+++，即不完全凝集；红细胞在孔底形成一个中等大小环状，四周和中心有凝集以++表示；红细胞在孔底形成一个小团，边缘光滑圆润者为-，红细胞完全未被凝集。
2）红细胞凝集滴度的计算：红细胞凝集试验的结果以出现"++"稀释度的倒数为判定终点，也就是一个血凝单位。这表明此浓度的病毒能引起等量的红细胞发生凝集，此稀释度的倒数为红细胞凝集滴度。

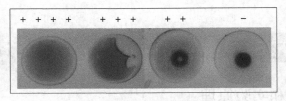

图 6-1　红细胞凝集试验结果示例

假设某待测流感病毒样品在 1∶500 稀释度下出现"++"结果，则该标本的红细胞凝集滴度为 1/500。

💡 本章思考题

1. 请对比空斑形成单位（PFU）测定与半数组织培养感染量（$TCID_{50}$）测定这两种方法的特点。

2. 鸡胚半数感染量（EID_{50}）测定适用于哪些类型的病毒？为何这种方法在某些情况下比其他方法更具优势？

3. 半数致死量（LD_{50}）测定对于评估病毒毒力有何重要意义？

主要参考文献

Karakus U，Crameri M，Lanz C，et al. 2018. Propagation and titration of influenza viruses. Methods Mol Biol，1836：59-88.

Killian M L. 2020. Hemagglutination assay for influenza virus. Methods Mol Biol，2123：3-10.

Lei C F，Yang J，Hu J，et al. 2020. On the calculation of $TCID_{50}$ for quantitation of virus infectivity. Virol Sin，36（1）：141-144.

Pant A B. 2024. LD_{50}（Median Lethal Dose）. Dictionary of Toxicology. Singapore city：Springer Nature Singapore.

Rafael A M，Adolfo G S. 2011. Influenza A viruses：new research developments. Nat Rev Microbiol，9（8）：590-603.

第七章 病毒检测技术

本章要点

1. 通过学习基因组检测技术，如核酸电泳、杂交及 PCR 技术，能够精准地检测病毒基因组，从而学会如何根据研究目的选择合适的基因组检测方法，并设计相应的实验流程。
2. 通过学习抗原检测技术，如免疫荧光和酶联免疫吸附分析技术，可以高效地检测病毒抗原，深入理解抗原与抗体之间的特异性结合机制，为后续实验打下坚实的理论基础。
3. 通过学习并掌握抗体检测方法，如中和试验和红细胞凝集抑制试验的基本原理、实验步骤等，学会调整实验条件以提高灵敏度和特异性，如选择适当的稀释倍数、确定最佳作用时间和温度等。

病毒检测技术在诊断病毒性疾病和病毒学研究中发挥关键作用，本章对常见病毒检测技术进行介绍。

第一节 基因组检测

除朊病毒外，病毒均具有由 DNA 或 RNA 构成的基因组。基因组检测适用于几乎全部病毒的检测。检测分析核酸的方法适用于检测病毒的基因组。

一、核酸电泳

核酸电泳是研究核酸的重要手段，可用于分离病毒的基因组。核酸电泳可分为琼脂糖凝胶电泳和聚丙烯酰胺凝胶电泳，不同浓度的琼脂糖和聚丙烯酰胺可形成大小不同的分子筛网孔，用于分离不同分子量的核酸片段。通常情况下，核酸检测用琼脂糖凝胶电泳即可，但是如果分离只有几个核苷酸差别的核酸分子则需要选择聚丙烯酰胺凝胶电泳。

（一）琼脂糖凝胶电泳

1. 原理　　将琼脂糖在特定的缓冲液中加热熔解成清澈透明的溶胶，随后将其倒入胶模中，凝固后会形成固体基质，琼脂糖凝胶的密度取决于琼脂糖的浓度。

琼脂糖凝胶具有网状结构，核酸分子通过时会受到阻力，分子量越大迁移时阻力越大。在高于等电点的 pH 溶液中，核酸分子带负电荷，在电场中向正极迁移。由于双链 DNA 骨架在结构上具有重复性，因此等量的双链 DNA 具有几乎等量的净电荷，从而能以同样的速率向正极迁移。核酸分子在琼脂糖凝胶中的迁移速率取决于核酸分子的大小和构象、琼脂糖的浓度、电泳缓冲液、电压等因素，在不同条件下进行电泳一定时间后，大小、构象不同的核酸分子将位于凝胶的不同位置上，从而达到分离的目的。琼脂糖凝胶的浓度通常在 0.5%～2%，片段越小胶浓度越大，可分离长度为 200bp～20kb 的 DNA。

2. 凝胶的制备和电泳

（1）配液　　称取适量琼脂糖，置于适量体积的 1×TAE 或 0.5×TBE 电泳缓冲液中，加热（沸水浴或微波炉）使琼脂糖溶解。

（2）制胶

1）用胶带将塑料胶板边缘封住，制成胶模，置于水平工作台上。

2）待上面配制的琼脂糖溶液冷却至 60℃后加入适量 10mg/mL 溴化乙锭（EB）的贮存液（EB 终浓度为 0.5mg/mL），充分混匀。

3）在胶模距离底板 0.5～1mm 处放置合适的电泳梳，将琼脂糖溶液倒入胶模中（厚度为 3～5mm），避免产生气泡。

（3）电泳

1）待凝胶在室温完全凝固后，移去胶带和电泳梳。将凝胶放入电泳槽中并加入适量电泳缓冲液（恰好没过胶面约 1mm），使样品槽在负极端。

2）将 1/6 体积 6×加样缓冲液与 DNA 样品混合后，用移液器取适量加入样品槽中。

3）接通电源，用 1～5V/cm 的电压进行电泳，电泳适当时间后，切断电源。

3. 凝胶的染色和观察　　将含有 EB 的凝胶直接放在紫外线检测仪上进行观察，并拍照记录。如果在制胶过程中未加入 EB，则需要将凝胶在 0.5μg/mL 的适量 EB 溶液中染色 30～45min 后，放在紫外线检测仪上进行观察，并拍照记录。

（二）聚丙烯酰胺凝胶电泳

1. 原理　　聚丙烯酰胺凝胶为网状结构，其是由单体丙烯酰胺和甲叉双丙烯酰胺（通常用 29:1）聚合而成。

聚丙烯酰胺凝胶通常用化学聚合法催化聚合过程，即在催化剂过硫酸铵（AP）和加速剂四甲基乙二胺（TEMED）的作用下完成自由基的催化和聚合过程。在此过程中，TEMED 可催化 AP 产生自由基，从而引发单体丙烯酰胺聚合，同时甲叉双丙烯酰胺与丙烯酰胺链间产生甲叉键交联形成三维网状结构。

聚丙烯酰胺凝胶电泳可以根据电泳样品的分子大小、形状和电荷的差别达到分离目的，分辨力显著高于琼脂糖凝胶电泳，可分离只相差 1 个核苷酸的 DNA 片段。聚丙烯酰胺凝胶电泳通常用于分离长度小于 1kb 的 DNA 片段，同时需要根据分离的核酸片段的大小制备合适浓度的凝胶。

2. 凝胶的制备和电泳

（1）配液　确定好凝胶的浓度后，根据玻璃板大小及夹层厚度计算所需凝胶的用量，参考表 7-1 配制凝胶溶液（100mL）。

表 7-1　聚丙烯酰胺凝胶电泳配液表

浓度/%	3.5	5.0	8.0	12.0	20.0
30%丙烯酰胺/mL	11.6	16.6	26.6	40.0	66.6
双蒸水/mL	67.7	62.7	52.7	39.3	12.7
5×TBE/mL	20.0	20.0	20.0	20.0	20.0
10%过硫酸铵/mL	0.7	0.7	0.7	0.7	0.7

（2）制胶

1）装置胶模：准备好用于灌胶的玻璃板并装置好，检查是否漏液。

2）将 35μL TEMED 加入配制好的 100mL 凝胶溶液中，充分混匀后均匀连续注入两玻璃板的空隙中。插入合适电泳梳，注意勿产生气泡。

3）置于室温下聚合 1h。若所制凝胶不立即使用，可用 1×TBE 浸泡的纱布或滤纸包裹住凝胶顶部，放置于 4℃保存，可保存 1～2d。

（3）电泳

1）拔去梳子，立即用水冲洗加样孔。

2）将凝胶放入电泳槽中，加入适量 1×TBE 溶液。

3）将 1/6 体积的 6×加样缓冲液与 DNA 样品混合，用移液器取适量加入凝胶加样孔中。

4）接通电源，用 1.8V/cm 的电压进行电泳，电泳适当时间后，切断电源。

3. 凝胶的染色和观察　待电泳结束后，取出凝胶置于合适染色液中染色并观察结果。常用的染色方法有 EB 法和银染法。EB 法的具体操作见琼脂糖凝胶的染色部分。银染法的灵敏度比 EB 法要高，具体操作如下。

（1）固定　将凝胶置于适量固定液（10%乙醇，0.5%冰醋酸）中，固定 10min。

（2）银染

1）双蒸水洗 1～2 遍。

2）将凝胶置于适量 0.01mol/L $AgNO_3$ 溶液中，室温反应 15～30min。

3）充分水洗。

4）将凝胶置于适量 NaOH-甲醛混合液（200mL 3% NaOH，含 1mL 甲醛）中，反应合适时间至条带显色清晰即可。

（3）终止　　用 5%冰醋酸终止反应。

二、核酸杂交

核酸杂交技术是分子生物学的基本技术之一，可用于检测 DNA 或 RNA 分子的特定序列。核酸杂交技术的优点包括高度特异性、灵敏性、快速性及广泛的应用性。高度特异性：能够高度特异性地检测 DNA 或 RNA 分子的特定序列，这种特性使得它能够在复杂的生物样品中准确识别目标序列，从而提高了检测的准确性和可靠性。灵敏性：能够检测到极低浓度的目标核酸序列。快速性：通常通过基因扩增技术（如 PCR）进行定量分析，因此能够在短时间内给出检测结果，这对于疾病的早期诊断和治疗具有重要意义。广泛的应用性：在医学领域的应用非常广泛，如单基因遗传病的早期诊断及病毒性疾病的特异、灵敏和快速诊断；除了医学领域，还可以用于环境监测中独特核酸序列的快速检测。

核酸杂交的原理是碱基互补的两条单链通过退火可形成双链。在病毒性疾病的诊断中，是特定序列的病毒探针和待检样品中的病毒核酸进行杂交。从病料或纯化的病毒粒子中提取的待检病毒核酸可与特定病毒探针在膜上杂交（固相杂交），或在试管的杂交液中进行杂交（液相杂交）。此外，也可在组织切片或细胞涂片上对组织或细胞中的病毒核酸进行原位杂交。下面将重点介绍适用于病毒核酸检测的几种杂交方法。

（一）核酸斑点杂交

1. 原理　　核酸斑点杂交是将一定量的核酸（DNA 或 RNA）点在硝酸纤维素膜（NC膜）或尼龙膜上，然后与 DNA 或 RNA 探针（非放射性或放射性标记）进行杂交，杂交后通过显色反应（非放射性标记探针）或放射自显影（放射性标记探针）检测杂交信号。

2. 斑点杂交与显色

（1）配液

1）20×SSC：3mol/L NaCl，0.3mol/L 柠檬酸三钠。

2）预杂交液：6×SSC，0.02% SDS，0.1%十二烷基肌氨酸钠，1%封阻试剂（脱脂牛奶粉）。

（2）膜处理　　裁剪一张大小合适的 NC 膜先用去离子水浸湿，再放置于 20×SSC 中浸泡 30min 后取出，放置于滤纸上室温晾干。

（3）点样　　取变性的 DNA 或 RNA 样品 1～5μL 点样至处理好的 NC 膜上。

（4）固定　　室温干燥后，置于 80℃烤箱固定 2h。

（5）预杂交　　点样固定后的 NC 膜于 68℃在适量（每 100cm^2 的膜至少需要 20mL 预杂交液）的预杂交液中预杂交 4～6h。

（6）杂交　　将预杂交后的膜取出放置于适量（每 100cm^2 膜用至少 2.5mL 杂交液）杂交液（预杂交液中加入 20～80ng/mL 变性的探针）中，于 68℃杂交 12～16h。

（7）洗膜　　先室温下使用 2×SSC，0.1% SDS 溶液洗膜 2 遍，再在 68℃条件下使用 0.1×SSC，0.1% SDS 溶液洗膜 2 遍，每遍 15min。

（8）显色　　如果使用放射性标记的探针，则需要在室温下利用 0.1×SSC 溶液再洗膜一遍，室温干燥后进行放射自显影；如果使用非放射性标记的探针，则需要进行化学显色，具体操作如下（以地高辛为例）。

1）用 100mmol/L Tris-HCl（pH 7.5）、150mmol/L NaCl 短暂洗涤膜。

2）将膜放置于适量抗体结合物溶液中，室温反应 30min。

3）重复（7）中洗膜步骤。

4）先将膜放置于适量 100mmol/L Tris-HCl（pH 9.5）、100mmol/L NaCl、50mmol/L MgCl$_2$ 溶液中平衡 2min，加入显色液并置于黑暗中显色合适时间后，用 TE 洗膜终止反应。

（二）核酸酶保护分析法

1. 原理　　核酸酶保护分析法是基于一种液相杂交的方法，可用于 RNA 的检测，即待检 RNA 与放射性标记的单链探针在试管中进行杂交，随后用适当的单链核酸酶水解未杂交的单链核酸，经电泳分离后再通过放射自显影检测未被水解的双链杂交体。该方法不需要固相支持膜，操作简便，杂交的质量不受 RNA 转移效率和洗膜条件的影响，因此信噪比大大提高，检测灵敏度比 Northern 分析法提高 10 倍以上。

核酸酶保护分析法对待检 RNA 样品的完整性和纯度要求不高，样品可以用细胞总 RNA，即使样品有轻度降解，也不会影响检测结果。所用的探针通常是单链且完全均一的 DNA 或 RNA 分子，其中单链 DNA 探针可利用 M13 噬菌体系统，掺入同位素标记的一种 dNTP 来制备，或通过末端标记来制备；而 RNA 探针可利用体外转录系统，掺入同位素标记的一种 rNTP 来制备。

2. S1 核酸酶保护分析法

（1）原理　　S1 核酸酶是一种单链特异性核酸内切酶，能降解没有形成杂交双链的单链 RNA 和单链 DNA，杂交后形成的 DNA/RNA 杂交双链不被降解。用放射性标记的与病毒基因组互补的单链 DNA 作为探针，如果样品中存在被检测病毒基因组 RNA，探针与 RNA 杂交后形成 DNA/RNA 杂交双链，不被随后加入的 S1 核酸酶降解，电泳显影可以检测到信号。

（2）配液

1）杂交液：80%去离子化甲酰胺，0.4mol/L NaCl，40mmol/L PIPES（pH 6.4），1mmol/L EDTA（pH 8.5）。

2）S1 核酸酶溶液：0.28mol/L NaCl，0.05mol/L 乙酸钠（pH 4.5），4.5mmol/L ZnSO$_4$，1000U/mL S1 核酸酶。

3）终止液：2.5mol/L 乙酸钠，50mmol/L EDTA。

4）电泳上样液：80%甲酰胺，10mmol/L EDTA（pH 8.0），0.1%二甲苯腈蓝 FF，0.1%溴酚蓝。

（3）杂交　　取 0.5～150μg 样品 RNA 加入适量杂交液中，加入 1×10^{5}cpm 同位素标记单链 DNA 探针并混匀，使终体积为 30μL。

（4）变性　　95℃变性 3min，立即置于 52℃水浴中过夜（12～16h）。

（5）酶处理　　加入 300μL 冰预冷的 S1 核酸酶溶液，于 37℃水浴 30min。

（6）终止　　加入 75μL 终止液，2μL 酵母 tRNA（10mg/mL）。

（7）显影　　先用酚/氯仿进行抽提，然后用乙醇沉淀，最后加入 10μL 电泳上样液溶解，95℃处理 3～5min 后立即冰浴。点样至适当浓度的含 8mmol/L 尿素变性聚丙烯酰胺凝胶中电泳分离，分离后放射自显影并判断结果。

3. RNA 酶保护分析法（RPA）

（1）原理　　所用的探针是放射性标记的单链 RNA，探针与待测 RNA 样品在液相中杂交后形成的双链 RNA 比 DNA/RNA 杂交体更稳定。RNA 酶 A 和 T1 能专一性地水解未形成双链的单链 RNA，而杂交后形成的双链 RNA 则不被降解。

（2）配液　　RNA 酶消化液：300mmol/L NaCl，10mmol/L Tris-HCl（pH 7.4），5mmol/L EDTA（pH 7.5），20μg/mL RNA 酶 T1，40μg/mL RNA 酶 A。杂交液和电泳上样液如上。

（3）杂交　　取 0.5～150μg 样品 RNA 加入适量杂交液中，加入 1×10^5 cpm 同位素标记单链 DNA 探针并混匀，使终体积为 30μL。

（4）变性　　95℃变性 3min，立即置于 42～50℃水浴中过夜（12～16h）。

（5）酶处理　　加入 300μL RNA 酶消化液，于 37℃水浴 30min。

（6）终止　　加入 20μL SDS（10%）、10μL 蛋白酶 K（10mg/mL），于 37℃水浴 30min。加 2μL 酵母 tRNA（10mg/mL）。

（7）显影　　先用酚/氯仿进行抽提，然后乙醇沉淀，最后加入 10μL 电泳上样液溶解，95℃处理 3～5min 后立即冰浴。点样至适当浓度的含 8mmol/L 尿素变性聚丙烯酰胺凝胶中电泳分离，分离后放射自显影并判断结果。

（三）核酸原位杂交

1. 原理　　原位杂交是指将标记的核酸探针与组织切片或细胞中的核酸进行杂交，对特定核酸进行精确定量并定位的过程。利用该方法能检测组织和细胞中的病毒核酸并对其进行定位。

2. 原位杂交和显色

（1）制片

1）将组织切片附于载玻片（无核酸酶污染）上，或取 2～3 滴分散的细胞悬液直接滴于载玻片（无核酸酶污染）上，置室温干燥。

2）用 4%多聚甲醛（PBS 新鲜配制）室温固定 20min 后，PBS 洗两遍。

3）用不同浓度乙醇（30%、60%、80%、95%、无水乙醇）梯度脱水后置于无水乙醇中，于−20℃保存备用。

4）用溶于 0.1mol/L Tris-HCl（pH 8.0）、50mmol/L EDTA 的蛋白酶 K（1μg/mL）于 37℃消化 30min 后，灭菌去离子水洗涤。

（2）预杂交　　根据探针和待检核酸的性质，选择合适的预杂交液，在合适温度下预杂交 30min。

（3）杂交　　加入杂交液 10～100μL（含标记的探针），杂交 12～16h。

（4）洗涤　　用合适的缓冲液洗涤。

（5）显色　　于切片或涂片上铺上感官乳胶，进行放射自显影，或用免疫酶法进行显色反应。

三、核酸扩增

（一）常规 PCR 技术

1. 原理　　聚合酶链反应（PCR）是以扩增的 DNA 分子为模板，利用两段分别与模板 DNA 互补的寡核苷酸片段为引物，在 DNA 聚合酶的作用下，根据碱基互补配对和半保留复制原则实现对目的 DNA 片段的指数级扩增。

2. PCR 扩增体系　　表 7-2 列出 4 种 dNTP 混合物、上下游引物、模板 DNA、DNA 聚合酶及 Mg^{2+} 的终浓度，这只是大致参考值，可根据具体实验进行调整。

表 7-2　PCR 的扩增体系表

组分	终浓度/量
10×扩增缓冲液	1×
4 种 dNTP 混合物	各 200μmol/L
上下游引物	各 0.1～0.5μmol/L
模板 DNA	0.1～2μg
DNA 聚合酶	1～4U/100μL
Mg^{2+}	1～3mmol/L

3. PCR 操作步骤　　标准的 PCR 反应由 DNA 变性、退火和延伸 3 个基本步骤构成，具体如下。

（1）DNA 变性（90～96℃）　　双链 DNA（模板 DNA 双链或经 PCR 扩增产生的双链 DNA）在热作用一定时间后会解离，成为单链 DNA。

（2）退火（60～65℃）　　双链 DNA 经加热变性成单链 DNA 后，当温度降低，引物会与模板 DNA 单链的互补序列配对结合，形成局部双链。

（3）延伸（70～75℃）　　在 DNA 聚合酶（如 *Taq* DNA 聚合酶，72℃左右活性最佳）的作用下，以 dNTP 为原料，从引物的 3′端开始以 5′→3′的方向延伸，合成一条新的与模板互补的 DNA 链。

每经过一个循环（需 2～4min），DNA 的含量增加一倍。重复 DNA 变性、退火和延伸循环过程就可在 2～3h 将目的 DNA 片段扩增放大几百万倍。

4. 循环参数

（1）预变性　　PCR 反应开始前，在 90～95℃作用一段时间（通常 5min 即可）使模板 DNA 解旋，同时激活 DNA 聚合酶（*Taq* DNA 聚合酶的激活时间为 2min）。

（2）变性　　通常 95℃作用 30s 就足以使模板 DNA 完全变性。变性时间不宜过长，否则会损害酶活性，过短则会导致模板 DNA 变性不彻底，从而导致扩增失败。

（3）引物退火　　退火温度一般需要参考上下游引物的 T_m 值，同时根据扩增 DNA 片段的长度适当下调。

（4）引物延伸　　如果使用 Taq DNA 聚合酶，则温度设置在 72℃进行延伸。延伸时间要根据扩增 DNA 片段的长度和使用的 DNA 聚合酶综合确定。Taq DNA 聚合酶的扩增速率为 1kb/min。

（5）循环数　　通常情况下，PCR 扩增 25～35 个循环即可。如果循环数过多容易产生非特异扩增。

（6）最后延伸　　在最后一个循环后，反应需要在 72℃维持 10～30min，目的是使引物延伸完全，同时使单链产物退火成双链。

5. 检测　　PCR 反应的产物可通过前面介绍的琼脂糖凝胶电泳或聚丙烯酰胺凝胶电泳进行检测。

（二）逆转录 PCR

1. 原理　　逆转录 PCR（RT-PCR）中，RNA 单链被反转录成为互补 DNA，再以此为模板进行 PCR 扩增。RT-PCR 中对 RNA 的模板的要求较高，需要其完整且不含蛋白质和DNA 等杂质。RT-PCR 中常用的逆转录酶有两种：莫洛尼鼠白血病病毒（MMLV）逆转录酶和鸟类成髓细胞性白细胞病毒（AMV）逆转录酶。

2. 逆转录 PCR 操作步骤

（1）合成 cDNA 第一链

1）将 1μg polyA⁺ mRNA 或适量总 RNA 加入微量离心管中，于 70℃温育 10min。

2）依照表 7-3 中所列组分建立 20μL 的反应体系。

表 7-3　合成 cDNA 第一链反应体系表

组分	终浓度/量
10×逆转录缓冲液	1×
4 种 dNTP 混合物	各 1mmol/L
重组的 RNasin（核糖核酸酶抑制剂）	1U/μL
AMV 逆转录酶	15U/μg RNA
Oligo (dT)₁₅ 引物或随机引物	0.5μg/μg RNA
RNA	1μg

3）在上述反应体系中，如果用 Oligo (dT)₁₅ 作为引物，需要于 42℃温育 15min。如果用的是随机引物，于 42℃温育 15min 之前还需要先在室温下温育 10min。

4）反应结束后，于 95℃加热 5min（使 AMV 逆转录酶失活），然后在冰浴中放置 5min。该方法合成的 cDNA 第一链可直接用作后续 PCR 扩增的模板，也可存放于−20℃备用。

（2）PCR 扩增　　将 cDNA 稀释到 100μL 的 TE 或水中，用于 PCR 扩增。具体反应体系、循环参数设置参考常规 PCR。

（3）结果检测　　用琼脂糖凝胶电泳或聚丙烯酰胺凝胶电泳检测 PCR 扩增产物。

（三）实时荧光定量 PCR

1. 原理 实时荧光定量 PCR（qPCR）是在常规 PCR 反应体系中加入荧光基团，通过检测荧光信号可实时监测整个 PCR 的进程，最后可以通过标准曲线对模板进行定量分析的方法。由于在 PCR 扩增的指数期，模板的起始拷贝数与 C_t 值存在线性关系，所以成为 qPCR 定量的依据。

2. 荧光探针和荧光染料

（1）TaqMan 探针 TaqMan 探针法需要根据模板 DNA 设计一对 PCR 上下游引物和一条特异性探针（结合位点位于上下游引物之间）。探针的 5′端标记报告基团（R），3′端标记猝灭基团（Q）。当探针完整时，R 发射的荧光信号被 Q 吸收，因此检测不到荧光信号。但是，当 PCR 扩增时，Taq DNA 聚合酶具有的 3′→5′外切核酸酶活性会将探针切断，使 R 和 Q 远离，导致 R 发射的荧光信号不能被 Q 吸收，因此能检测到荧光信号。随着 PCR 扩增循环次数的增加，目的 DNA 片段呈指数级增长，通过实时检测荧光信号强度，求得 C_t 值。同时利用数个已知模板浓度的标准品绘制标准曲线，就可通过标准曲线获得待检模板的拷贝数。

（2）SYBR Green I 荧光染料 SYBR Green I 是一种只结合双链 DNA 的荧光染料。在 PCR 反应体系中，加入过量的 SYBR Green I，SYBR Green I 会特异性地掺入 DNA 双链中，从而发射荧光信号。另外，未掺入 DNA 双链中的 SYBR Green I 不会发射出任何荧光信号，使得荧光信号的增加与 PCR 产物的增加完全同步。

3. TaqMan 探针法

（1）制作标准曲线

1）以含有待检 DNA 片段的质粒作为标准品，用分光光度计测定质粒 DNA 的量。用无核酸酶的水对质粒 DNA 进行 10 倍系列稀释，选择浓度为 $10^2 \sim 10^8$ 拷贝/μL，用作制作标准曲线的模板。

2）在一个无核酸酶的 PCR 反应管中配制 25μL 反应体系（表 7-4）。

表 7-4 TaqMan 探针反应体系表

组分	终浓度/量
10×扩增缓冲液	1×
4 种 dNTP 混合物	各 1mmol/L
上下游引物	各 200nmol/L
TaqMan 探针	100nmol/L
模板 DNA	0.1～2μg
DNA 聚合酶	1～4U/100μL

3）在 ABI 7700 荧光定量 PCR 仪中进行 PCR 扩增，收集荧光数据。

4）利用仪器附带的软件 Sequence Detector Ver. 1.7 进行结果分析，自动得出 C_t 值。以系列稀释液中 DNA 拷贝数的对数作为横坐标，以 C_t 值为纵坐标制图和确定斜率的函数公式。

（2）待检样品的 qPCR

1）在一个无核酸酶的 PCR 反应管中配制 25μL 反应体系，具体见表 7-4。

2）在 ABI 7700 荧光定量 PCR 仪中进行 PCR 扩增，在每一退火/延伸步骤收集荧光数据。

（3）结果分析　　利用仪器附带的软件 Sequence Detector Ver. 1.7 进行结果分析，自动得出 C_t 值。仪器能够根据标准曲线自动计算出拷贝数。

4. SYBR Green Ⅰ 荧光染料

具体操作与 TaqMan 探针类似，只是将表 7-4 中 TaqMan 探针替换成 SYBR Green Ⅰ 荧光染料。

四、基因芯片

基因芯片技术是基于核酸分子碱基之间能够互补配对的原理，将许多病毒特定的寡核苷酸片段作为探针，将探针有规律地排列并固定在某种支持物上，然后与待检的标记过的样品基因进行特异性杂交，最后通过芯片扫描仪对芯片进行扫描，并配以计算机系统对每一个探针上的荧光信号进行检测，从而得出大量信息。

基因芯片的分类有很多种，按照其片基的不同可分为无机片基芯片和有机合成片基芯片；按照其应用的不同可以分为表达谱芯片、检测芯片和诊断芯片；按照其结构的不同可分为 DNA 阵列芯片和寡核苷酸芯片；按照其制备方法的不同可分为原位合成芯片和合成后交联芯片。

下面介绍基因芯片技术的环节，由于前 4 个环节（探针的设计与制备、支持物的类型和预处理、芯片的制作及点样后处理）已实现商品化，所以简单概述，重点介绍后面需要实际操作的 3 个环节（样品制备、杂交反应及信号检测和结果分析）。

（一）探针的设计与制备

按照常规的探针设计原则，根据靶基因的序列设计能与其特异性结合的探针。

探针可采用人工合成的核苷酸片段、从基因组中制备的较长的基因片段或 cDNA，因此可分为寡核苷酸探针、基因组 DNA 探针和 cDNA 探针等。可根据实验设计从上述几种类型中进行选择，如进行基因突变检测时可采用寡核苷酸探针制作芯片；基因表达谱分析时可采用 cDNA 探针或 50～70 个碱基的长链寡核苷酸探针制作芯片；用于病毒基因的鉴定和检测时，可采用寡核苷酸探针（针对病毒基因的中保守序列来设计探针）或基因组 DNA 探针制作芯片。

（二）支持物的类型与预处理

基因芯片的固相支持物可分为实性材料和膜性材料两类，其中实性材料有硅芯片、玻片和瓷片等，膜性材料有聚丙烯膜、尼龙膜和硝酸纤维素膜等，而目前最常用的固相支持物是玻片。

打印前需要对支持物的表面进行化学处理，使支持物表面上衍生出氨基、醛基或羟基等功能基团以方便连接探针，从而使探针能够稳定地固化在支持物表面，防止杂交过程中被洗脱。

（三）芯片的制作

基因芯片制作方法包括原位合成法和点样法，其中原位合成法是运用高精度仪器及DNA合成技术在玻片上直接并定点地合成DNA探针，制成高集成度的DNA微阵列，而点样法是通过机械手将DNA探针逐点有序地固定在玻片上，适合于制备中、低密度的基因芯片。

（四）点样后处理

玻片上点上探针后，一方面需要把探针固定在玻璃表面，另一方面则需要将玻片上未点样区域进行封闭，防止杂交时样品DNA非特异性结合未点样区域。

（五）样品制备

生物样品一般比较复杂，是多种生物分子的混合体，有时还会存在样品量很小的问题，因此除了少数特殊样品外，通常需要对样品进行制备后再与芯片反应。样品制备过程包括从组织或细胞中分离纯化核酸样品，并对待检样品中的目的DNA片段进行特异性扩增。在目的DNA片段扩增过程中，可以将偶联荧光染料的核苷酸掺入扩增产物中，对目的DNA片段进行标记。

（六）杂交反应

芯片的杂交过程与常规的分子杂交过程类似，属于固相和液相之间的杂交。具体过程包括预杂交、加入含标记目的DNA片段的杂交液进行杂交反应、洗脱和干燥。影响芯片杂交的因素包括杂交液的组分、杂交的温度、探针的浓度、探针的序列组成及标记的目的DNA片段浓度等。除此以外，在实验过程中还需要对杂交（包括预杂交和杂交反应）及洗脱的条件进行优化以保证杂交的特异性。

（七）信号检测和结果分析

芯片杂交反应后，带有荧光标记的目的DNA片段会与其序列互补的DNA探针形成杂交体，可在激光激发下产生荧光信号。用芯片扫描仪对芯片进行扫描，收集芯片上各个反应点的荧光位置及荧光强弱，然后再用相关软件将荧光转换成数据。

五、基因测序

病毒核酸提取及测序

利用高通量测序技术可以获得病毒基因组的全部信息，对获得的基因组信息进行分析和比对可以发现新的病毒及病毒的变异。高通量测序技术的发展大大促进了对病毒快速分析的能力，其中基于二代基因测序的宏基因组测序（mNGS）应用较为广泛。mNGS 是指对病毒群体进行高通量测序，不需要分离培养病毒，且超高深度的 mNGS 具有较高的病毒鉴定灵敏度，在传染病的发现和监测中极具潜力。目前 mNGS 几乎都是由测序公司完成，下面简单介绍一下操作步骤。

（一）核酸提取

采用病毒 DNA 或者 RNA 提取试剂盒对待测序样品核酸进行提取，若提取的病毒核酸为 RNA，需要通过 RT-PCR 构建 cDNA 文库。

（二）文库构建

1. 末端补齐　使用 *Taq* DNA 聚合酶补齐不平的末端。

2. 末端加 A　分别在两端添加突出的碱基 A 形成黏性末端。

3. 添加接头　用连接酶将接头（具有突出的 T 尾）添加到黏性末端（具有突出的 A 尾）。

（三）文库纯化

在文库构建中，所用的 DNA 聚合酶、连接酶和接头等都是过量的，所以需要用特殊磁珠（AMPure XP Beads）纯化获得成功添加接头的文库片段并去除各种杂质。磁珠纯化时需要根据文库片段的不同而控制磁珠的添加量。

（四）PCR 扩增

如果添加的接头为特殊的碱基 U 连接的环状结构，则需要使用与接头互补的引物进行 PCR 扩增。PCR 后需要再次用磁珠纯化获得产物 DNA 片段，之后进行质量检测。

（五）上机测序

采用 Illumina 测序平台对构建好的文库进行测序，平台的测序技术是基于基因芯片的边合成边测序。

（六）生物信息学分析

首先，应通过每个样品的测序数据量（至少 10Mb）和序列质量（Q20/Q30）进行整体评估；随后，一般利用 Trimomatica 或 Fastp 软件去除接头、低复杂度序列、低质量序列和短读长序列，获得可以用于下游分析的高质量序列。临床病毒检测过程中普遍存在人源核酸的污染，因此人源背景去除也是生物信息分析流程中的重要的一步，在这个过程中也可以去除质粒及工程菌等的干扰序列。进而将测序结果与参考数据比对，进行种属鉴定和结果解读。

抗原检测

一、免疫荧光技术

免疫荧光技术是利用抗原和抗体能发生特异性结合的基本原理，用荧光染料标记的抗原/抗体（不影响抗原/抗体活性）作为探针与其相对应的抗体/抗原结合，在特定波长激发光下检测荧光信号。该方法可用于组织或细胞中病毒的鉴定和定位、临床样品中病毒抗原的检测及病毒性疾病的诊断等。

（一）抗体的选择

用于荧光标记的抗体，最好采用单克隆抗体。同时还需要遵循以下 3 个原则：特异性强、纯度高及效价满意（>1∶20）。

（二）荧光素的种类

目前用于标记抗体的荧光素种类很多，其中最常用的荧光素有 3 种，分别为异硫氰酸荧光素（FITC）、四甲基异硫氰酸罗丹明（TRITC）及四乙基罗丹明（RB200）。

（三）免疫荧光技术的染色方法

免疫荧光技术的染色方法分为直接法和间接法。直接法的原理是将荧光标记的抗原/抗体直接与相应的抗体/抗原反应，多用于流式细胞仪分析。间接法的原理是先用未标记的抗体（一抗）进行标记，使抗原和抗体充分结合后洗涤去除未结合的抗体，然后加入荧光标记的二抗，使之与已经结合在抗原上的一抗结合。下面介绍这两种方法的主要操作流程。

1. 直接免疫荧光法

（1）样品的处理 多数用于流式细胞仪检测的细胞样品常常是标记后即行检测，因此不需要固定，但是用于显微镜观察或者流式细胞仪进行胞内染色等的样品，需要先将样品固定。流式细胞仪样品需要在固定前制备成单细胞悬液，与等体积 4% 的 PBS-多聚甲醛混合，室温固定 10～15min。细胞涂片、细胞爬片等样品浸入冷丙酮或 2% 的多聚甲醛中固定 10min，然后用 0.01mol/L PBST（含 0.1% Triton X-100，pH 7.4）或者含有 0.1% Saponin 的 0.01mol/L PBS（pH 7.4）洗涤 3 遍。

（2）封闭 用适量 2%～10% BSA 溶液于 37℃湿盒内封闭 30min。

（3）染色 在样品上滴加适当浓度的稀释荧光标记抗体（终浓度为 1～5μg/mL），或将样品重悬于适当浓度的稀释荧光标记抗体溶液中，放在湿盒中，37℃孵育 15～30min，或者 0～4℃ 1h。

（4）洗涤 用 0.01mol/L PBS 洗涤 3 遍，去除未结合的游离荧光抗体。

（5）检测 缓冲甘油封片，镜检；或者用 300μL 0.01mol/L PBS 重悬细胞，过滤团块后用流式细胞仪检测。

（6）结果分析　　如果样品中有目标抗原存在，一级抗体将与之结合，然后通过荧光显微镜可以观察到荧光信号，即阳性结果。反之，如果看不到荧光信号，则说明样品中没有目标抗原或含量极低以至于无法检测。

2. 间接免疫荧光法

（1）样品的处理　　同直接法。

（2）封闭　　同直接法。

（3）一抗染色　　用未标记荧光素的抗体进行，操作步骤同直接法。

（4）洗涤　　用 0.01mol/L PBS 洗涤 3 遍，去除多余的未标记一抗抗体。

（5）二抗染色　　在样品上滴加适当浓度的稀释荧光标记二抗（终浓度为 1～5μg/mL），或将样品重悬于适当浓度的稀释荧光标记二抗溶液中，放在湿盒中，37℃孵育 15～30min，或者 0～4℃　1h。

（6）洗涤　　用 0.01mol/L PBS 洗涤 3 遍，除去未结合的游离荧光标记二抗。

（7）检测　　缓冲甘油封片，镜检；或者用 300μL 0.01mol/L PBS 重悬细胞，过滤团块后用流式细胞仪检测。

（8）结果分析　　当二级抗体成功地与一级抗体结合后，在荧光显微镜下可以看到明亮的荧光图案，这表明存在特定的抗原抗体反应，即阳性结果。如果没有看到预期的荧光图案，则可能意味着样品中不存在该抗原，或者一级抗体未能有效地与抗原结合。

（四）免疫荧光的分析和检测技术

免疫荧光的分析和检测根据待测样品类型和对待物含量的要求需要不同种类的仪器，包括荧光显微镜、（显微）荧光分光光度计、激光共聚焦显微镜、流式细胞仪、荧光偏振免疫分析仪或者时间分辨荧光计等仪器，对体系中的荧光标记物或者结合产物进行定性、定量或者定位分析。

二、酶联免疫吸附分析

酶联免疫吸附分析（ELISA）是将抗原/抗体结合到某种固相载体表面（保持抗原/抗体免疫活性），而与之相对应的抗体/抗原则与某种酶连接成酶标抗体/抗原（既保留抗体/抗原的免疫活性，又保留了酶活性），加入标记酶的反应底物后，底物会被酶催化为有色产物，有色产物的量与待检抗体/抗原的量成正比，因此可根据颜色深浅来定性或定量分析。

ELISA 具有特异性高、灵敏性强、重复性好及检测速度快的特点，可适用于大批量样品的检测。目前常用的酶包括辣根过氧化物酶（HRP）和碱性磷酸酶（AKP），其中 HRP 的底物为邻苯二胺（OPD），显色反应为棕黄色；而 AKP 的底物为对硝基苯磷酸盐，显色反应为蓝色。该技术广泛应用于病毒性疾病的诊断，不但可以定性还可以定量。

ELISA 可分为双抗体夹心法、间接法及竞争法。其中双抗体夹心法用于检测抗原；间接法用于检测抗体；竞争法既可用于检测抗原，又可用于检测抗体。下面重点介绍检测抗原的双抗体夹心法和竞争法。

（一）双抗体夹心法检测抗原

1. 原理 将已知抗体吸附到固相载体表面，加入含相应抗原的待检样品与之结合，温育后洗涤，加入酶标抗体，温育洗涤后加入底物溶液显色。

2. 实验步骤

（1）包被 用 50mmol/L 的碳酸盐包被缓冲液（pH 9.6）稀释抗体（浓度为 0.2～10μg/mL），每孔加入 50μL 稀释抗体到 96 孔酶标板中，4℃放置过夜。

（2）洗板 弃去包被缓冲液，用 PBST 洗涤 3 遍。

（3）封闭 每孔加入 100μL 1% BSA 溶液，37℃封闭 1h。

（4）洗板 弃去孔中溶液，用 PBST 洗涤 3 遍。

（5）加入抗原 每孔加入 50μL 待测抗原，并设置对照，37℃孵育 2h。

（6）洗板 弃去孔中溶液，用 PBST 洗涤 5 遍。

（7）加入酶标抗体 加入 50μL 稀释的 HRP 标记二抗，37℃孵育 1h。

（8）洗板 弃去孔中溶液，用 PBS 洗涤 5 遍。

（9）显色 每孔加入 50μL 底物溶液，室温避光孵育 15～30min 后加入 25μL 终止液（3mol/L H_2SO_4）终止反应。

（10）结果分析 用酶标仪检测 OD 值。绘制基于标准抗原溶液连续稀释数据的标准曲线。抗原浓度对数值为 x 轴，荧光度或吸光度为 y 轴，在标准曲线中求出待检抗原浓度。

（二）竞争法检测抗原

1. 原理 利用抗原与抗体之间的竞争关系进行检测。在竞争法中，待检样品中的抗原和已知浓度的标准抗原共同竞争抗体，通过检测反应产物来推算待检样品中抗原的浓度。

2. 实验步骤

（1）包被 用 50mmol/L 的碳酸盐包被缓冲液（pH 9.6）稀释抗体（浓度为 0.2～10μg/mL），每孔加入 50μL 稀释抗体到 96 孔酶标板中，4℃放置过夜。

（2）洗板 弃去包被缓冲液，用 PBST 洗涤 3 遍。

（3）封闭 每孔加入 100μL 1% BSA，37℃封闭 1h。

（4）洗板 弃去孔中溶液，用 PBST 洗涤 3 遍。

（5）加入抗原 每孔加入 50μL 待测抗原和一定量的酶标抗原，对照孔只加酶标抗原，37℃孵育 2h。

（6）洗板 弃去孔中溶液，用 PBST 洗涤 5 遍。

（7）显色 每孔加入 50μL 底物溶液，室温避光孵育 15～30min 后加入 25μL 终止液（3mol/L H_2SO_4）终止反应。

（8）结果分析 酶标仪检测 OD 值。绘制基于标准抗原溶液稀释液抑制作用绘制标准抗原-抑制曲线，抗原浓度对数值为 x 轴，荧光度或吸光度为 y 轴，在标准抗原-抑制曲线中求出待检抗原浓度。

三、颗粒凝集试验

颗粒凝集试验是指表面包被可溶性抗原/抗体颗粒性载体，与相对应抗体/抗原发生特异性反应，出现肉眼可见的凝集现象。根据颗粒种类可以分为乳胶颗粒凝集试验、明胶颗粒凝集试验。

（一）乳胶颗粒凝集试验

1. 原理　　乳胶颗粒凝集试验所用的载体为聚苯乙烯乳胶颗粒。可将病毒抗原相对应的抗体直接吸附或化学交联于乳胶颗粒上，制成致敏乳胶试剂。抗原抗体反应后形成肉眼可观察到的乳胶颗粒。

2. 实验步骤

（1）乳胶的预处理　　取 100g/L 乳胶原液 1mL，加双蒸水 4mL（稀释为 20g/L），再加 pH 8.2 的 BBS（10mmol/L 硼酸、80mmol/L NaCl、1mmol/L 三氢氧化铵）12mL、10g/L 的胰蛋白酶溶液（用 pH 9.2 的 BBS 配制）2mL，充分混匀后置于 45℃水浴 13h，于 4℃ 10 000×g 离心 30min 后弃去上清液，向沉淀中加 pH 8.2 的 BBS 10mL 并轻轻摇匀，制成 10g/L 的乳胶悬液，置于 4℃保存备用。

（2）病毒抗体致敏乳胶的制备　　用 pH 7.4 的 PBS 将病毒抗体做体积比 1∶1、1∶5、1∶10、1∶20、1∶40 的稀释，然后每个稀释度各取 3 个样品分别与等体积的 10g/L 乳胶悬液在室温（25℃）、37℃和 56℃ 3 个温度下水浴 2h，其间摇动 2～3 次，于 4℃ 10 000×g 离心 30min 后弃上清液，用 PBS 重悬至乳胶原有体积并置于 4℃过夜。

（3）加样检测　　取两张洁净的载玻片上分别滴加 1 滴（约 20μL）抗体致敏乳胶液与未致敏乳胶液，再加 1 滴病毒抗原处理液，用牙签迅速将两者混匀并摇动玻片 1～2min，黑色背景下 3～5min 观察结果。

（4）凝集程度判定标准　　100%乳胶凝集（颗粒聚集于液滴边缘，液体完全透明），记为"＋＋＋＋"；75%乳胶凝集（颗粒明显，液体稍混浊），记为"＋＋＋"；50%乳胶凝集（颗粒较细，液体较混浊），记为"＋＋"；有 25%乳胶凝集（液体混浊），记为"＋"；不凝集（液滴呈原有的均匀乳状混浊），记为"-"。

（二）明胶颗粒凝集试验

1. 原理　　将抗原吸附于粉红色明胶颗粒上，当致敏明胶颗粒与样品血清作用，如血清含有病毒抗体，则可形成肉眼可见的粉红色凝集。该方法具有灵敏度高、操作简便及快速检测等优点，在临床上被广泛应用于抗人类免疫缺陷病毒抗体的检测等。

2. 实验步骤

（1）病毒抗体稀释　　将抗体进行 1∶5、1∶10、1∶20、1∶40 倍比稀释，每个反应孔加入 25μL，每个稀释度两个重复。

（2）加样检测　　在每个反应孔中分别加入未致敏粒子 25μL 和致敏粒子 25μL，混匀 30s，15～30℃静置 2h 后判读结果。

（3）结果分析　　如果非致敏孔不凝集，而致敏孔形成小环、大环或膜状凝集均为阳性；如果非致敏孔和致敏孔均不凝集则为阴性。

四、蛋白质印迹法

蛋白质印迹法（Western blot）是指经过十二烷基硫酸钠-聚丙烯酰胺凝胶电泳（SDS-PAGE）分离后的蛋白质样品被转移到膜上（非共价键吸附），以膜上的蛋白质作为抗原，与相对应的抗体发生免疫反应，再与经标记的二抗，形成抗原-抗体-标记二抗的三元复合物，根据所用标记物选择对应的方法进行检测。通过 Western blot 检测目的蛋白表达时，需同时检测内参蛋白的表达。最常用的内参蛋白有细胞骨架蛋白 β-actin 和甘油醛-3-磷酸脱氢酶（GAPDH）。

据标记抗体方法的不同，Western blot 的显色方法分为以下几种：①采用放射性核素（^{3}H、^{32}P、^{35}S）标记的放射自显影法；②采用荧光素标记的底物荧光 ECF 法；③采用酶（HRP、AKP）和生物素标记的底物生色法。目前常用的方法是采用 HRP 标记抗体，结合化学发光方法显色。Western blot 具体步骤及操作如下。

（一）样品制备

1. 细胞抗原的处理方法　　向收集到的细胞中加入 RIPA 裂解缓冲液（蛋白酶抑制剂在使用前加入，终浓度为 2μg/mL）在冰上裂解 30～60min，然后插入冰盒中进行超声（每次 2～3s，重复 3～4 次，超声强度以不产生泡沫为宜），4℃ 12 000r/min 离心 3～5min，吸取上清液备用。

2. 组织抗原的处理方法　　将组织从动物体内取出（样品不宜反复冻融），取少量（1～2g）放入玻璃匀浆器中研磨成匀浆，然后转入微量离心管中并插入冰盒进行超声（每次 5～7s，重复 5～6 次，超声强度以不产生泡沫为宜），4℃ 12 000r/min 离心 3～5min，吸取上清液备用。

3. 细胞和组织抗原样品的制备　　前两步获得的样品处理液还要加入 1/4 体积左右含 SDS 的 5×电泳上样缓冲液，于沸水浴中加热 3～4min 使蛋白质变性，方可作为样品进行 SDS-PAGE。

（二）SDS-PAGE

1. 制胶　　根据目的蛋白大小，配制分离胶浓度（5%～15%）合适的 SDS-PAGE 胶。

2. 电泳　　提前拨直胶孔，吹去残胶，将适量样品加入胶孔中。80V 恒压电泳，待样品泳出浓缩胶后，将电压调到 120V，恒压电泳直至溴酚蓝到达分离胶底部。

（三）蛋白质转膜

1. 湿法转膜

（1）平衡凝胶　　用转移缓冲液（39mmol/L 甘氨酸、48mmol/L Tris、0.037% SDS、20% 甲醇）平衡、漂洗凝胶，每次漂洗 10min，共 3 次。

（2）准备滤纸和膜　　戴上手套，裁剪滤纸和膜（膜大小与凝胶相同，滤纸比凝胶稍大），浸泡于转移缓冲液中（PVDF 膜使用前需用甲醇激活，NC 膜则不需要）。

（3）转膜

1）打开转移盒并放置于浅盘中，用转移缓冲液完全浸透海绵垫，依次按"阳极筛孔板-海绵-滤纸-膜-凝胶-滤纸-海绵-阴极筛孔板"的顺序装置好转移盒，避免产生气泡。

2）在装置好的转移盒放入电泳槽中并放入冰盒，用 4℃预冷的转移缓冲液注满。

3）将整个装置放在冰浴中并用磁力搅拌器均匀搅拌，连接电极，于恒流 0.11～0.20A 下转移 2～4h。湿转结束后，将膜上含蛋白 Marker 的条带切下，用丽春红 S 染液染色 10～20min，观察有无条带显现，如有可证明转膜成功。也可以使用显色的预染 Marker，如转膜成功则膜上会显现相应的 Marker 条带。

4）剪角标记膜的方向（如用预染 Marker，则不需要剪角标记），自然干燥后可在 4℃保存一年。如直接进行免疫杂交，可不干燥，继续进行免疫标记。

2. 半干法转膜　　用浸透缓冲液的多层滤纸代替注满转移缓冲液的电泳槽。与湿法转膜相比，半干法转膜耗时较短。转移需要相应的电转仪，转膜效率与凝胶厚度、浓度、蛋白质的分子质量、带电荷情况有关。

（1）平衡凝胶、膜和滤纸　　转移缓冲液浸泡平衡凝胶、膜和滤纸，时间≥30min。

（2）转膜

1）转膜装置从下至上依次按"阳极碳板-3 层厚滤纸-膜-凝胶-3 层厚滤纸-阴极碳板"的顺序装置好，避免产生气泡，并将碳板上多余的转移缓冲液吸干。

2）接通电源（膜一侧靠正极，凝胶一侧靠负极），低电压恒定电流（转移电压不超过 0.8mA/cm²，恒流 0.1～0.2mA）转移 1～2h。转移时间长短依靶蛋白分子质量大小来调节。

3）半干法转膜结束后，将膜上含蛋白 Marker 的条带切下，用丽春红 S 染液染色 10～20min，观察有无条带显现，如有可证明转膜成功。也可以使用显色的预染 Marker，如转膜成功则膜上会显现相应的 Marker 条带。

4）剪角标记膜的方向（如用预染 Marker，则不需要剪角标记），自然干燥后可在 4℃保存一年。如直接进行免疫杂交，可不干燥，继续进行免疫标记。

（四）蛋白质标记和显色

先后采用第一抗体和第二抗体标记蛋白，形成蛋白质样品-一抗-标记二抗的三元复合物，其中第一抗体是直接与蛋白抗原结合的特异性抗体，第二抗体是酶标记的抗抗体。目前最常用的方法是采用 HRP 标记抗体，结合化学方法显色。

1. 封闭　　转膜结束后，将膜取出，放入封闭液中（5%脱脂奶粉，用 PBS 配制）并置于摇床上摇晃，室温封闭 45min 或 4℃封闭过夜。

2. 一抗孵育　　封闭结束后，用 PBST 晃洗膜 3 遍，然后根据合适的比例孵育一抗，置于摇床上摇晃室温孵育 1.5h 或 4℃过夜。

3. 二抗孵育　　一抗孵育结束后，用 PBST 晃洗膜 3 遍，每遍 5min。根据合适的比例孵育二抗，置于摇床上摇晃孵育 45min。

4. 显色　　二抗孵育结束后，用 PBST 晃洗膜 5 遍，每遍 5min。取出膜，放置于铺平的保鲜膜上，加化学发光试剂反应 2min。反应结束后，可以在暗室用 X 线片检测蛋白质信号，显影液、定影液处理线片，使信号可以永久保存；也可以直接用化学发光仪进行检测。

五、免疫亲和层析法

免疫亲和层析法利用抗原和抗体特异性结合的基本原理，通过毛细管作用使样品溶液在固相材料（膜）上泳动，同时使样品中待检物（经标记物标记的抗体/抗原）与固定在膜上的抗原/抗体（针对待检物）发生特异性免疫反应，富集在检测线上，通过对标记物的颜色或光电磁等信号放大效应达到检测的目的。

（一）固相材料选择

用于固定抗原/抗体的固相材料需性质稳定，吸附性强，亲水性好，便于保存。样品溶液可以在固相材料上快速层析，从而实现快速检测，常用聚酯纤维、玻璃纤维、尼龙膜和硝酸纤维素膜等，现使用硝酸纤维素膜居多。

（二）标记物种类

用于标记待检物的标记物分为三类，分别为胶体金、荧光标记材料及磁性纳米颗粒。胶体金是用氯金酸溶液制成的稳定的胶体溶液，胶体金标记的待检物与特异性抗原/抗体结合，在固相的检测线集聚可显出红棕色。以荧光材料标记抗原/抗体，待检物与之结合后可通过测定荧光含量推算待检物浓度。磁性纳米颗粒标记的待检物可通过磁敏传感器来定量。

（三）免疫层析法检测抗原

免疫层析法检测抗原可分为夹心法和竞争法。夹心法是待检物中的抗原与标记垫上的标记抗体、检测线处的抗体发生特异性结合，形成"三明治"型复合物，常用于检测含有两个或两个以上的抗原决定簇的大分子物质。竞争法是待检物中的抗原和检测线处的相同抗原竞争结合标记抗体。下面主要介绍实验操作流程。

1. 标记物标记抗体

（1）胶体金标记抗体　　按照柠檬酸钠还原法制备胶体金，将 5mL 浓度为 1%的 $HAuCl_4$ 迅速加入 500mL 沸水中，加入柠檬酸钠 0.1125g，转子快速搅拌并继续加热 5min，调低转速使溶液自然冷却到 50℃，4℃保存。取部分胶体金溶液，调节溶液至最佳标记 pH，加入最适标记抗体量，混匀后室温静置 30min，加入 10% BSA 溶液 1mL 封闭 1~2h。将制备好的免疫胶体金溶液，12 000r/min 离心 30min，弃去上清液，加入金标稀释液重悬金颗粒，4℃保存。

（2）荧光乳胶微球标记抗体　　取适量微球，用 1-（3-二甲氨基丙基）-3-乙基碳二亚胺盐酸盐（EDC）和 N-羟基琥珀酰亚胺（NHS）进行活化，离心去除活化剂后溶解于标记缓冲液中，同时加入抗体，搅拌反应，纯化获得荧光乳胶微球标记抗体，避光于 4℃保存备用。

（3）磁珠标记抗体　　取适量磁珠，用 4-吗啉乙磺酸（MES）缓冲液洗涤，EDC 活化后再用 MES 缓冲液洗涤并重悬磁珠，加入 1mg/mL 抗体，25℃旋转孵育 4h。磁分离得到偶联磁珠后用 PBS 洗涤 3 遍。加入封闭液封闭免疫磁珠表面未完全进行反应的活化基团，4℃保存备用。

2. 标记垫制备　　标记垫选用的固体材料经剪裁后放入标记垫处理液[含 10%（m/V）蔗糖、2%（m/V）海藻糖的 BST 缓冲液]中浸透 30min，后放于 37℃烘干。用标记稀释液稀释标记抗体至工作浓度 1.5mg/mL，喷印于玻璃纤维上，37℃烘干，干燥保存。

3. 包被垫制备　　使用 PBS 分别将捕获抗体和二抗稀释至 1mg/mL，用划膜仪将两种抗体喷印在固体材料上作为检测线（T line）和质控线（C line），两线相隔 4mm，37℃烘干，干燥保存。

4. 样品垫制备　　将样品垫放入样品垫处理液中浸透 30min，37℃烘干，干燥保存。

5. 组装　　将样品垫、标记垫、包被垫、吸水纸依次粘贴在 PVC 底板上，裁切出 4mm 宽的检测试剂条，装入检测卡槽中，加入防潮剂密封保存。

6. 样品检测　　将 100μL 样品加入样品孔，15min 后观察或检测结果。若标记物为胶体金，可直接观察质控线和检测线的颜色变化；若标记物为荧光材料或磁性纳米颗粒，可利用荧光层析分析仪或磁敏传感器进行检测。当测试结果有效时，质控线呈红色或具有一定光强度/磁信号，这时，检测线的颜色或信号强度比值（T/C）与样品的阴阳性相关，即阳性 T/C 值高；阴性 T/C 值低。

六、放射免疫分析

标记抗原的放射免疫分析（RIA）原理：当标记抗原和未标记抗原一起加入到含有其特异性抗体的体系中时，两种抗原竞争性地结合特异性抗体，形成标记抗原-抗体及未标记抗原-抗体两种复合物，分离并测定标记抗原-抗体复合物的放射性和游离标记抗原的放射性。标记抗原-抗体复合物与非标记抗原的含量在一定的限度内是成反比的，因此利用这个原理可以测定未知抗原。

放射免疫分析具有特异性高和灵敏度高的特点，能精确测定各种极微量的具有免疫活性的物质。在传染病学方面，广泛用于乙型肝炎抗原的亚型分类测定。

（一）抗原的标记

目前常用的标记抗原的同位素有 ^{3}H、^{125}I，其他还有 ^{14}C、^{35}S 和 ^{32}P 等。不同的同位素有各自特性，实验中可酌情选择合适的同位素进行标记。下面介绍几种比较常用的抗原碘化标记法。

1. 氯胺 T 法

（1）原理　　氯胺 T 是氯代酰胺类氧化剂，在水溶液中易水解生成次氯酸，将 $^{125}I^-$ 氧化成放射性单质碘（$^{125}I_2$），然后取代酪氨酸残基苯环上的氢原子，或与组氨酸残基的咪唑环共价连接，使蛋白质或多肽发生碘化反应。

（2）实验步骤

1）取 50mL 0.1mol/L PBS，加入有盖反应瓶。

2）加入待标记的蛋白质或多肽 5mL。

3）加入 Na^{125}I 溶液 5mL。

4）加入氯胺 T 溶液 20～50mL，反应 2min。

5）加入偏重亚硫酸钠溶液 20～50mL，反应 1min。

6）加入 2% KI 溶液，稀释残留的碘化物。

7）取少量反应液，点在 Whatman 滤纸上。

8）在正丁醇：乙醇：氨水=5：1：2 系统中进行层析，晾干后于放射性薄层扫描仪上测量 3 个峰，计算碘利用率。

9）将反应液过 Sephadex G50 柱（Sephadex G50 制柱：取 1g Sephadex G50 在 0.05mol/L PBS 中浸泡 24h 以上，其间多次轻轻摇动漂去细小颗粒，待其充分膨胀后，抽气减压约 30min，排出其中气泡；然后将凝胶加入玻璃层析管中，使其自然下降）。柱预先用 0.05mol/L PBS 平衡，再用 20mg BSA 溶液（溶于 1mL 0.05mol/L PBS）过柱，使柱饱和，用 20mL 0.05mol/L PBS 流洗后即可上样，洗脱后，收集洗脱液 2mL/瓶。

10）分别在活度计上测量并绘制曲线，合并蛋白质峰，加入适量 BSA 和 NaN$_3$，分装冻存或冷冻干燥。

2. 乳过氧化物酶法

（1）原理　　乳过氧化物酶（LPO）与 H$_2$O$_2$ 首先形成络合物，将 $^{125}I^-$ 氧化成放射性单质碘（$^{125}I_2$），在乳过氧化物酶催化下，蛋白质被碘化。

（2）实验步骤

1）取 50mL 0.1mol/L PBS，加入有盖反应瓶。

2）加入待标记的蛋白质或多肽 5mL。

3）加入 20mL Na^{125}I 溶液，混匀。

4）加入 5mL LPO 溶液。

5）加入 10mL H$_2$O$_2$ 溶液，混匀，室温下反应 10min。

6）再次加入 10mL H$_2$O$_2$ 溶液，混匀，室温下反应 10min。

7）加入 500mL 半胱氨酸溶液，终止反应。

8）加入 2% KI 溶液，稀释残留的碘化物。

9）其余步骤同上述"氯胺 T 法"。

3. 标记物的鉴定

（1）放射性化学纯度鉴定　　放射性化学纯度鉴定是指某一化学形式的放射性物质的

反射强度在该样品中所占放射性总强度的百分比。鉴定方法：取少许标记的蛋白质或多肽抗原液，加入1%~2%载体蛋白及等量的三氯乙酸（15%），摇匀，静置数分钟后3000r/min离心15min。分别检测上清液（含游离碘）及沉淀（含标记抗原）的放射活性。

（2）免疫化学活性鉴定　　少量的标记抗原与过量的抗体，在适当的条件下充分反应后，分离标记抗原（B）和未标记抗原（F），分别测定其放射性，算出结合百分率。

（3）放射性强度　　放射性强度以比度（单位重量抗原的放射性强度）表示，比度越高，则敏感性越高。标记抗原比度的计算依据放射性碘的利用率。

（二）标记抗原（B）与未标记抗原（F）的分离

1. 盐析法　　利用33%饱和硫酸铵液可使抗原-抗体复合物沉淀下来，向溶液内加入饱和硫酸铵，使其最终饱和度达到36%左右，摇匀静置，然后离心沉淀即标记抗原-抗体复合物，而游离的标记抗原仍留在溶液中。

2. 双抗体法　　抗体与标记抗原结合后，再与抗抗体（第一个抗体的抗体）结合形成更大的复合物而沉淀下来，达到与游离抗原分离的目的。该方法比较温和，分离也较完全（可达80%~90%）。

3. 清蛋白（或葡聚糖衣）活性炭吸附法　　将活性炭悬浮于一定浓度的葡聚糖水溶液中，葡聚糖分子在活性炭表面形成一层具有一定孔径网眼的膜，这层膜只允许较小的分子吸附于上面，进而被活性炭吸附，大分子物质被排在门外，不被活性炭吸附，从而达到分离的目的。最佳分离条件是pH 6.5~9.4，放置15~30min。

（三）标准曲线的绘制

吸取各浓度（至少6个浓度，每种浓度设一个重复管）的标准品置于5mL离心管中，另外设T管（总计数管）和NSB管（非特异性结合管）。向T管中加入100μL标记抗原，NSB管中加入100μL标记抗原和100μL注射用水，其余各管分别加入100μL标记抗原和100μL抗体，充分混匀后，置于4℃。24h后向各浓度标准品管中加入500μL分离剂，充分混匀，T管中不加分离剂。室温静置15min，3600r/min离心20min，弃上清液，测定沉淀物放射性强度（取两个重复管的平均值，以B表示），第一管均值为B_0，根据B/B_0算出其余标准品管的B/B_0值。以各标准管的logit B/B_0值为纵坐标，标准品溶度（μg/L）的自然对数值（ln$C$）为横坐标制作标准曲线。

（四）样品中病毒蛋白含量的测定

精密称取适量病毒蛋白冻干粉加1mL注射用水溶解，摇匀后将溶液进行适量稀释。取稀释后溶液各200μL于离心管中（设一个重复管），然后向各管中加入标准抗原100μL和抗体100μL，充分混匀后置于4℃。24h后加入500μL分离剂，充分混匀。室温静置15min，3600r/min离心20min，弃上清液，测定沉淀物放射性强度计算B（取其两支平行管的平均值）。计算出各管B/B_0，再根据标准曲线求得各管的浓度。

第三节　抗 体 检 测

一、中和试验

中和试验是指病毒与相应的抗体（中和抗体）结合后，抗体中和病毒并使其失去生物学效应，可用于检测某些病毒性疾病的患者体内血清中的中和抗体效价。具体实验操作见第八章。

二、红细胞凝集抑制试验

实验室常利用红细胞凝集抑制试验对具有红细胞凝集性的病毒进行鉴定，也可用于对发病禽群进行疫病诊断、对禽群的免疫状态进行评价及用于禽疫苗免疫抗体水平监测等。

腺病毒科、正黏病毒科和副黏病毒科的成员含有可结合血红细胞的病毒蛋白（血凝素），血凝素能选择性地使某种或某几种动物的红细胞发生凝集，这种凝集红细胞的现象称为血凝。然而，当在病毒悬液中加入血凝素的抗体时，抗体会阻断病毒的血凝素结合血红细胞表面的受体，抑制血凝，称为红细胞凝集抑制反应。具体实验操作见第五章第三节。

三、补体结合试验

补体是一组具有酶活性的球蛋白，其活性不稳定（不耐热，56℃处理 30min 可将其灭活）。补体存在于人或动物的新鲜血清中，参与杀菌、溶解靶细胞免疫调节，是机体非特异性免疫应答中的重要部分。补体可非特异性结合大多数的抗原-抗体复合物，从而被激活并产生溶解细胞效应，根据此特性，可通过补体结合试验来检测未知抗原/抗体。

（一）原理

补体结合试验是一种有补体参与，并以绵羊红细胞和溶血素作为指示系统的抗原抗体反应。待检抗原、抗体和补体作用后，加入指示系统，如果不出现溶血（待检系统中的抗原与抗体相对应，两者特异性结合激活并耗竭补体，再加入的指示系统无补体结合），即补体结合试验阳性；如果出现溶血（待检系统中的抗原与抗体不对应或缺少一方，补体不被激活，当指示系统加入后，绵羊红细胞-溶血素复合物激活补体），即补体结合实验阴性。

补体结合试验是一个经典的免疫学检测方法，具有较高的特异性和敏感性，曾应用于传染病诊断、抗原和抗体的鉴定等方面。其缺点是参与成分及影响因素多，操作非常烦琐，而且补体等试剂不稳定，因此在临床检验和科学研究中已被免疫黏附红细胞凝集试验所取代。

（二）分类

补体结合试验可分为直接法、间接法和固相法。

1. 直接法　　直接法是最常用的操作方法，在试管中加抗原、被检血清和补体，在一定温度下感作一定时间后，加溶血素和红细胞，再感作一定时间后判定结果。直接法又根据试剂量的差异分为常量法和微量法。常量法试剂总量一般为 0.5mL。微量法一般为 0.125mL。前者在试管内进行，后者在 U 形底的 96 孔反应板内进行。

2. 间接法　　间接法主要用于禽类（如鸭、鸡等）血清中抗体的测定。因为禽类血清中的抗体与相应抗原形成的复合物不能与豚鼠补体结合，所以需要再加入一种兔抗体（抗该抗原），兔抗体和抗原形成的复合物可与豚鼠补体结合，然后再加补体和溶血系统成分。与直接法相比，间接法中多加了一种特异性免疫抗体，需要多进行一次感作，其结果判定正好与直接法相反。发生溶血时表示抗原已和血清中的抗体结合，阻止了兔抗体与该抗原的结合，补体处于游离状态，随后会与溶血系统结合，发生溶血，即间接补体结合实验阳性；反之，如果血清中无相应的抗体存在，抗原则与兔抗体结合形成复合物并与补体结合，不发生溶血，即间接补体结合实验阴性。

3. 固相法　　固相法的原理与直接法相同，不同点在于所有的反应均在琼脂糖凝胶反应皿中进行。固相法的操作过程如下：先将溶血素致敏的红细胞液加入熔化后冷至 55℃ 的 1% 琼脂糖凝胶中，混匀后倒入特制的塑料反应皿内，待凝固后打孔（孔径为 6mm，孔距不得小于 8mm）。然后取在 37℃ 温箱中感作一定时间的抗原、被检血清和补体混合物 25μL 加入孔中，37℃ 感作一定时间，观察溶血环的直径以判定结果。

（三）实验步骤

以直接补体结合试验加以详细介绍。

1. 2.5% 红细胞悬液的制备　　用 5～10 倍体积的生理盐水离心沉淀并洗涤绵羊红细胞（阿氏液中保存 7d）3 遍，2000r/min 离心 10min 后弃上清液，取沉淀红细胞并用生理盐水配制成 2.5% 红细胞悬液。

2. 标准比色孔的配制　　取 500μL 2.5% 红细胞悬液离心后弃上清液，加入 2mL 蒸馏水，振摇使红细胞完全溶解，再加入 500μL 4.5% NaCl 溶液，制成 100% 溶血液。再取 500μL 2.5% 红细胞悬液，加入 2mL 生理盐水，混匀制成 100% 不溶血液。在 96 孔反应板中各加 100μL、90μL、80μL、70μL、60μL、50μL、40μL、30μL、20μL、10μL、0μL 100% 溶血液，加 100% 不溶血液补至 100μL，制成标准比色孔，使用酶标仪读取并记录 11 个标准溶血孔在 600nm 处的 OD 值。

3. 溶血素、补体和抗原效价的测定

（1）溶血素效价的测定　　取 0.1mL 溶血素加生理盐水 4.9mL，制成 1∶100 稀释液（由于商品化溶血素均含有等量甘油作防腐剂，所以 0.1mL 中实际只含有 0.05mL 标定效价的溶血素）。再取 1∶100 稀释液 1mL，加 4mL 生理盐水，制成 1∶500 的基础稀释液。以此类推，依次制成 1∶1000、1∶1500、1∶2000、1∶2500、1∶3000、1∶3500、1∶4000、1∶4500、1∶5000、1∶5500 不同稀释度的溶血素。取 1 瓶冻干补体，用生理盐水配制 1∶10 稀释液。在 96 孔反应板中依次加入 25μL 不同稀释度溶血素、25μL 2.5% 红细胞、25μL 1∶10 稀释补体、50μL 生理盐水，使总量为 125μL。振荡混匀后于 37℃ 水浴 20min，立即用酶标仪读取并记录各孔在 600nm 处的 OD 值，并参照标准溶血孔的 OD 值判定结果。

（2）补体效价的测定　　以生理盐水配制 1∶10 补体基础稀释液（如补体活力高可配制 1∶20 基础稀释液）和一个工作量的抗原稀释液。在 96 孔反应板中依次加入 1∶10 补体稀释液 5μL、6.5μL、8μL、9.5μL、11μL、12.5μL、14μL、15.5μL、17μL、18.5μL、20μL、0μL，需要做 2 组，一组中各孔各加 25μL 抗原，另一组中不加抗原用生理盐水代替，两组每孔均用生理盐水补齐至 75μL。振荡混匀后于 37℃水浴 20min，每孔加入 2.5%红细胞和 2 个单位溶血素各 25μL，振荡混匀后再于 37℃水浴 20min，立即用酶标仪读取并记录各孔在 600nm 处的 OD 值，并参照标准溶血孔的 OD 值判定结果。

（3）抗原效价的测定　　商品化抗原可按参考说明书进行稀释。如果需要测定效价，可用生理盐水将阳性血清制成 1∶120、1∶160、1∶200、1∶240、1∶280 稀释液，将阴性血清制成 1∶10 稀释液。稀释后的阴、阳性血清于 56℃水浴灭活 30min。在 96 孔反应板中依次加入稀释抗原（1∶10、1∶50、1∶75、1∶100、1∶150、1∶200、1∶250、1∶300、1∶400 和 1∶500）25μL、稀释血清 25μL、工作补体 25μL，对照组不加抗原用生理盐水替代。振荡混匀后于 37℃水浴 20min，每孔加入 2.5%红细胞和 2 个单位溶血素各 25μL，振荡混匀后再于 37℃水浴 20min，立即用酶标仪读取并记录各孔在 600nm 处的 OD 值，并参照标准溶血孔的 OD 值判定结果。

四、酶联免疫吸附分析

酶联免疫吸附分析（ELISA）中间接法和竞争法均可用于检测抗体，其中间接法为最常用的方法。

（一）间接法

1. 原理　　将已知抗原吸附于固相载体上，加入待检血清（抗体）与之结合，洗涤去除未结合抗体，然后加入酶标抗体（抗抗体）和底物进行测定，有色产物的量与抗体的量成正比。

2. 实验步骤

（1）包被　　用 50mmol/L 的碳酸盐包被缓冲液（pH 9.6）稀释抗体（浓度为 0.2～10μg/mL），每孔加入 50μL 稀释抗体到 96 孔酶标板中，4℃放置过夜。

（2）洗板　　弃去包被缓冲液，用 PBST 洗涤 3 遍。

（3）封闭　　每孔加入 100μL 1% BSA 溶液，37℃封闭 1h。

（4）洗板　　弃去孔中溶液，用 PBST 洗涤 3 遍。

（5）加入抗体　　每孔加入 50μL 待测抗体，并设置对照，37℃孵育 2h。

（6）洗板　　弃去孔中溶液，用 PBST 洗涤 5 遍。

（7）加入酶标抗体　　加入 50μL 稀释后的 HRP 标记的二抗，37℃孵育 1h。

（8）洗板　　弃去孔中溶液，用 PBS 洗涤 5 遍。

（9）显色　　每孔加入 50μL 底物溶液，室温避光孵育 15～30min 后加入 25μL 终止液

（3mol/L H$_2$SO$_4$）终止反应。

（10）结果分析　　酶标仪检测 OD 值，根据标准曲线计算待检抗体浓度。

（二）竞争法

1. 原理　　抗体的测定通常不使用竞争法，只有当抗原中的杂质难以去除或者抗原的结合特异性不稳定时，才会采用竞争法测定抗体，如乙型肝炎病毒核心抗体（HBcAb）和 e 抗体（HBeAb）的测定。

2. 实验步骤

（1）包被　　用 50mmol/L 的碳酸盐包被缓冲液（pH 9.6）稀释抗体（浓度为 0.2～10μg/mL），每孔加入 50μL 稀释抗体到 96 孔酶标板中，4℃放置过夜。

（2）洗板　　弃去包被缓冲液，用 PBST 洗涤 3 遍。

（3）封闭　　每孔加入 100μL 1% BSA 溶液，37℃封闭 1h。

（4）洗板　　弃去孔中溶液，用 PBST 洗涤 3 遍。

（5）加入抗体　　每孔加入 50μL 待测抗体及一定量的酶标抗体，对照孔仅加酶标抗体，37℃孵育 2h。

（6）洗板　　弃去孔中溶液，用 PBST 洗涤 5 遍。

（7）显色　　每孔加入 50μL 底物溶液，室温下避光孵育 15～30min 后加入 25μL 终止液（3mol/L H$_2$SO$_4$）终止反应。

（8）结果分析　　酶标仪检测 OD 值，根据标准抗原抑制曲线计算待检抗体浓度。

五、蛋白质印迹法

蛋白质印迹法除了能够检测病毒的抗原，还可以用来检测血清中病毒的抗体。将病毒的抗体作为抗原，针对病毒的抗体的抗抗体作为一抗，具体操作步骤可参考第七章第二节。

六、免疫放射分析

标记抗体的免疫放射分析（IRMA）原理：用过量的标记抗体（放射性同位素标记）与待检抗原反应，待充分反应后，除去未结合的游离标记抗体，抗原-标记抗体复合物的放射性强度与待检抗原量成正比。

（一）标记抗体的制备

特异性抗体的制备，质量要求及 ^{125}I 标记方法与 RIA 基本相同。

（二）免疫吸附剂的制备

免疫吸附剂是将高纯度的抗原连接到固相载体上，通常采用溴化氰化的纤维素、重氮化的纤维素、聚丙烯酰胺、琼脂糖 4B 珠、葡萄糖凝胶和玻璃粉等作为抗原吸附剂的固相载体。

（三）测定方法

根据检测过程的操作步骤的不同，可分为以下 4 种类型。

1. 直接 IRMA 法 将待检抗原与过量的标记抗体温育，待二者充分结合后加入固相抗原免疫吸附剂再次温育，吸附游离的标记抗体。离心后去除沉淀物，测定上清液中的放射性强度，根据标准曲线即可得知待检样品中抗原的含量。

2. 双抗体夹心 IRMA 法 在待检抗原内加入固相抗体和标记抗体，反应后形成固相抗体-抗原-标记抗体三元复合物，洗涤去除未结合的游离标记抗体，测定固相抗体或载体上免疫复合物的放射性强度，根据标准曲线即可得知待测样品中抗原的含量。

3. 间接 IRMA 法 在双抗体夹心 IRMA 法的基础上，进一步改良为用核素标记抗体（羊抗兔或羊抗鼠 IgG），反应后形成固相抗体-抗原-核素标记抗体-标记抗抗体的四重免疫复合物。其中，标记抗抗体可作为通用试剂，可省去标记针对不同抗原的特异性抗体。

4. BSA-IRMA 法 将生物素和亲和素系统引入 IRMA 而建立的新一代 IRMA。

（四）双抗体夹心 IRMA 法

双抗体夹心 IRMA 法是最常用的方法，具体操作步骤如下。

1. ^{125}I 病毒蛋白抗体标记物的制备 用氯胺 T 法标记，高效液相色谱柱分离纯化。

2. 固相抗体的制备 用包被缓冲液稀释病毒蛋白抗体（5mg/L），加入聚苯乙烯六角试管中，200μL/管，置 4℃过夜。次日弃去包被液，加封闭液（500μL/管）于 37℃封闭 1h。弃去封闭液，自然晾干。

3. 标准品的制备 胎牛血清 56℃灭活 4h 后 3000r/min 离心 20min，上清液用于配制标准品。将不同量的病毒蛋白加入灭活的胎牛血清中，配制不同浓度的标准品，以 0.5mL 分装，冻干，于 2～8℃保存。

4. 病毒蛋白免疫放射分析程序 在已包被抗体的包被管中（总 T 管除外）加入 100μL 病毒蛋白标准品和待测样品、100μL ^{125}I 病毒蛋白抗体标记物，混匀后于 37℃反应 3h。弃去反应液，用洗涤液洗涤 3 次（500μL/次），吸水纸吸干管口残液，用 γ 计数仪测量包被管的放射性计数。以病毒蛋白浓度（mIU/L）为横坐标，各标准点的结合率（B/T）为纵坐标，在双对数坐标纸上绘制标准曲线。根据样品的 B/T，从标准曲线上查出相应的病毒蛋白浓度，或者使用仪器内的计算程序直接获得样品中病毒蛋白的浓度。

第四节 指示细胞系技术

指示细胞系技术是根据病毒复制策略建立的一种病毒检测方法。指示细胞系是一类通过基因工程修饰的特定细胞，可响应病毒感染以产生报告蛋白。该报告蛋白的生成特异性依赖特定病毒感染，即病毒感染细胞后，病毒的生物大分子（通常是病毒蛋白）调控细胞内报告基因表达、成熟等，进而产生可观测或量化的信号，用于检测相应病毒的感染。

根据不同病毒的基因组结构和生命周期，指示细胞系检测病毒原理各异。大致可分为以下三类：由病毒的启动子控制报告基因的转录，该启动子需要感染病毒的调控蛋白反式激活才能具有启动子活性；细胞中表达无活性的融合蛋白，该融合蛋白特定位置具有可被特定病毒蛋白酶识别的裂解位点，特定病毒感染后，病毒的蛋白酶切割该位点后生成成熟、可检测的报告蛋白；细胞基因组中整合有带有报告基因的特定 RNA 病毒小基因组，依赖感染病毒的 RdRp（依赖于 RNA 的 RNA 聚合酶）才能形成可被翻译报告基因 mRNA，表达报告蛋白等。

目前尚无商品化的指示细胞系技术相关产品可供实验室检测和常规使用，因此首先要在组织培养的基础上建立指示细胞系技术平台，然后按照相应的操作流程加以使用。

一、指示细胞系技术平台的建立

搭建该技术平台的主要过程包括报告基因工程载体的构建、指示细胞系的筛选及单克隆化、特异性和灵敏度检测等。

（一）报告基因工程载体的构建

报告基因工程载体的关键特征之一是报告基因。编码荧光蛋白和一些酶如 β-半乳糖苷酶或萤光素酶的基因可以作为报告基因。另外，需要带有可供筛选整合入细胞基因组的抗性基因。动物细胞中常用的筛选基因有编码嘌呤霉素、潮霉素及 G418 等的基因。

检测不同病毒应根据其基因组结构和生命周期，采用对应原理构建控制报告基因表达的表达载体。如前所述，逆转录病毒和具有 DNA 基因组的病毒（疱疹病毒）的指示细胞系可采用病毒启动子控制报告基因的质粒稳定转染获得，相应报告基因的转录病毒感染后才能启动，因而可检测相应病毒感染。一些具有正义 RNA 基因组的病毒（黄病毒和肠道病毒）编码包含结构和非结构蛋白的前体多肽，该多肽需要病毒蛋白酶进一步加工成单个蛋白质。因此在指示细胞系中稳定表达无活性的融合报告蛋白，病毒感染后，病毒蛋白酶在肽链特定位点裂解融合蛋白，报告蛋白被激活，可检测该病毒感染。一些负义 RNA 病毒（正黏病毒、丝状病毒）和部分需要形成亚基因组 mRNA 的正义 RNA 基因组（甲病毒或丙肝病毒）可使用一种称为小基因组的结构，利用病毒的 RdRp 活性才能产生可正确翻译的 mRNA，由此检测特定病毒的感染。

（二）指示细胞系的筛选及单克隆化

利用各自相应的原理构建基因工程的载体后，转染或转导入具有相应病毒受体的细胞，进行筛选。以下以转染质粒为例进行简要介绍。

1. **质粒转染**　转染条件与正常细胞转染相似。以 6 孔细胞培养板为例，铺两孔细胞。负对照不转染质粒，即正常细胞；另一孔细胞转染带有报告基因的工程载体质粒。

2. **细胞传代**　转染 24h，转染质粒细胞进行 1∶5 传代，铺入余下四孔。

3. **加药**　转染 48h，加入筛选浓度抑制剂。

4. **换液**　之后每 2～3d 换液，培养基中始终含有筛选浓度抑制剂。

5. **维持**　对照孔正常细胞全部死亡后，抑制剂浓度减半，并一直维持到转染细胞长满。随后进行单克隆化。

6. 单克隆化 建立高特异性和灵敏度的指示细胞系，通常需要进行单克隆化，以获得未感染病毒时报告基因无（或极低）表达、感染相应病毒后高效表达的细胞系。通常采用 1/2 稀释法（图 7-1）进行单克隆化。

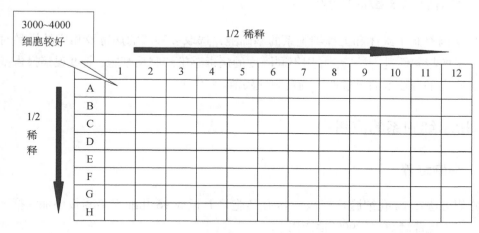

图 7-1　细胞 1/2 稀释法示意图

7. 扩大培养 将 96 孔细胞培养板长满的细胞移入 24 孔细胞培养板，至 6 孔细胞培养板、50mL 培养瓶、100mm 培养皿完成扩大培养。建议在扩大到 50mL 培养瓶时，先将一部分细胞冻存以防止出现污染，剩余细胞继续用于确证实验。细胞从 96 孔细胞培养板移入 24 孔细胞培养板过程中，由 24 孔细胞培养板移入 6 孔细胞培养板扩大培养的过程中，留存少量细胞，加入病毒，分析该单克隆细胞对相应病毒感染的灵敏度，选取高灵敏度和特异性的细胞 3～5 株，进行扩大培养。同时，进行特异性分析。扩大培养过程中，由于各个克隆的生长速度不一，所以有时要及时分批处理，应做好标记。

8. 冻存保藏 确证实验完毕，将阳性克隆扩大培养，冻存多支后方可应用。冻存方法与用于构建细胞系的原细胞系条件相同即可。

【案例 7-1】以 G418 抑制剂为例，介绍单克隆化技术

1）配制含半筛选浓度 G418 的培养基，在 96 孔细胞培养板的每一孔中加入 100μL。

2）将细胞用胰酶消化成为单细胞后，细胞计数（计数要尽量准确）。

3）计算稀释终体积，将细胞悬浮于含半筛选浓度 G418 的培养基中。

4）如图 7-1 所示，在 A1 格加入 100μL 细胞悬液（含 3000～4000 细胞），吹吸 3～4 次将细胞吹匀。

5）从 A1 吸出 100μL 细胞悬液至 B1，吹吸 3～4 次将细胞吹匀，然后重复此步到 H1，中间不必换枪头。

6）在 A1～H1 格中各加入 100μL 含 G418 的培养基。

7）重复 A1～H1 的那种方法，A～H 横向逐排稀释，每排不用换枪头。

8）所有孔中补加 100μL 含 G418 的培养基。

9）一般单克隆会在 2~3d 后出现，要注意及时观察形成细胞团。在单克隆的孔上做标记。细胞要长满一个孔的时间视 G418 浓度、细胞特性和细胞的生长状态而定。一般需要 1~2 周。

（三）特异性和灵敏度检测

在报告基因复制子载体和工程细胞系的基础上，选取多种属的病毒及相应的样品对指示细胞系技术的特异性进行检验。并用不同滴度的病毒感染细胞系细胞，通过观察报告基因的表达情况确定平台技术的灵敏性，确定阳性阈值。

二、指示细胞系的应用

（一）细胞培养

按照常规方法在 24 孔细胞培养板、48 孔细胞培养板或 96 孔细胞培养板中加入指示细胞系细胞，当细胞铺满 80%~90% 时待用。

（二）待测样品感染

取相应体积的待测样品加入该细胞系细胞，吸附 1h 后，每孔补加适量培养基。

（三）收样并观察结果

对不同的报告基因采取不同方法收集相应的细胞，并采取不同方法观察试验结果。报告基因是萤光素酶等定量表达的基因时，根据是否能释放入培养基，每隔一定时间从细胞板的各孔中吸取上清液或最终裂解细胞，定量检测荧光素酶活性测定；报告基因是绿色荧光蛋白等定性表达的基因时，不需要定时收样，可以直接把细胞板置于荧光显微镜下，观察绿色荧光信号。超过阳性阈值则判定为存在相应病毒感染。

💡 本章思考题

1. 哪些检测技术既可以用来检测病毒抗原又可以用来检测病毒抗体？
2. 乙型肝炎病毒核心抗体（HBcAb）可以用哪个检测技术进行测定？

主要参考文献

奥斯伯，布伦特，金斯顿，等.1999. 精编分子生物学实验指南. 颜子颖，王海林，译. 北京：科学出版社.

曹雪涛. 2016. 免疫学技术及其应用. 北京：科学出版社.

李德新，舒跃龙. 2012. 病毒学方法. 北京：科学出版社.

萨姆布鲁克，拉塞尔. 2002. 分子克隆实验指南. 3 版. 黄培堂，译. 北京：科学出版社.

Dolskiy A A，Grishchenko I V，Yudkin D V. 2020. Cell cultures for virology：usability，advantages，and prospects. International Journal of Molecular Sciences，21（21）：7978-8000.

Peter M H，David M K. 2021. Fields Virology. 7th ed. Philadelphia：Lippincott Williams & Wilkins.

第八章　病毒中和试验

本章要点

1. 通过学习中和原理深入理解抗体中和病毒、阻止病毒感染细胞的机制，掌握病毒从吸附到宿主细胞直至释放子代病毒的全过程，特别是病毒与宿主细胞相互作用的关键步骤。
2. 通过学习并掌握终点法、空斑减数法及交叉保护法等中和试验测定方法，熟练掌握不同中和试验的具体操作流程，包括样品准备、孵育条件控制、结果读取与分析等，为后续研究奠定基础。

病毒中和试验

病毒中和试验是评估抗病毒抗体效能的核心工具之一，其目的在于测定抗体对病毒的中和能力，即抗体能否有效阻止病毒吸附、穿入宿主细胞，或抑制病毒从宿主细胞释放。这类试验不仅对于理解病毒与宿主之间的相互作用至关重要，同时也是疫苗效力评价、抗体治疗药物筛选及病毒流行病学研究的基础。

本章详细介绍了几种常用的病毒中和试验方法，包括终点法中和试验、空斑减数法中和试验及交叉保护法中和试验。这些方法各有特色，适用于不同场景下的病毒中和能力测定。

病毒中和试验不仅是评估抗病毒免疫应答的重要手段，也是评价疫苗和抗病毒药物疗效的关键技术。随着技术的进步和发展，中和试验的标准化和自动化程度不断提高，使得实验结果更加准确可靠。未来，随着更多新型病毒的出现及对现有病毒的新认识，病毒中和试验将继续发挥其不可或缺的作用，并为疾病的预防和治疗提供坚实的数据支持。

第一节　基本原理

病毒合成核酸和蛋白质需要宿主提供酶系统和能量，故病毒必须在活细胞内才能复制增殖。病毒的生命周期包括吸附、穿入、脱壳、生物合成、组装、成熟及释放 7 个阶段。病毒进入机体后，首先附着在宿主细胞的细胞膜表面，通过其表面的结构蛋白与细胞膜表面特异性受体相结合；随后病毒通过胞饮或内吞、膜融合、直接穿入等方式（根据病毒有无包膜）穿过细胞膜进入细胞；病毒穿入细胞后，溶酶体中的细胞酶剥离病毒蛋白外壳，释放病毒基因组，开始生物合成，完成基因组的复制和表达，装配核衣壳，成熟并释放，引起机体感染。抗体是在机体胞外组织液中调动抗病毒体液免疫应答的特异性蛋白质，而中和作用是抗体发挥生物学效应的重要方式。特异性的抗病毒中和抗体可通过与病毒结合使病毒失去吸附、穿入宿主细胞的能力，阻断病毒与细胞相互作用的第一步，或者抑制子代病毒从宿主细胞表面释放，阻止病毒感染机体的过程。

基于此，开展中和试验时，首先需在体外将活病毒或假病毒与抗病毒药物（小分子药物或抗体等）在适当条件下孵育，之后将混合液接种到敏感的宿主（细胞、鸡胚或动物等）体内，观察抗病毒药物能否抑制病毒致细胞病变效应（cytopathic effect，CPE）或以萤光素酶为代表的报告基因定量评估病毒滴度；能否抑制鸡胚绒毛尿囊膜的痘疱结构或尿囊液等部位的病毒滴度；能否保护易感动物在致死病毒剂量的攻毒下免于死亡。根据保护效果的差异，判断病毒是否已被中和，并计算中和抗体的效价。

第二节　测定方法

根据测定方法的不同，病毒中和试验的主要方法有终点法中和试验、空斑减数法中和试验和交叉保护法中和试验。

一、终点法中和试验

终点法中和试验（endpoint neutralization test）是通过对中和后病毒50%终点的滴定，以判定血清的中和效价或中和指数的试验。

（一）实验对象

1. 病毒　中和试验所用病毒应是具有感染力的病毒。用于中和试验的病毒必须预先进行病毒滴度的测定（参照第五章内容）。开展中和试验时，一般以100TCID$_{50}$/单位体积或100LD$_{50}$/单位体积作为标准的病毒试验浓度。

2. 抗体　为了控制试验质量，需准备中和抗体阳性血清和中和抗体阴性血清。用于中和试验的中和抗体阳性血清，需预先进行病毒抗体滴度的测定。一般中和试验所用的标准血清抗体浓度是20个抗体单位/单位体积。

3. 宿主　中和试验必须选用易感的宿主体系进行检测，常用的宿主体系有细胞、鸡胚、动物。

（二）实验方法

根据实验目的的不同，中和试验有两种试验方法：一种方法是用已知病毒检测血清中未知抗体及其滴度——固定病毒-稀释血清法；另一种方法是用已知的中和抗体检测未知病毒及其滴度——固定血清-稀释病毒法。

1. 固定病毒-稀释血清法

（1）实验目的　　检测血清中未知的中和抗体及其滴度。

（2）实验材料　　敏感宿主；已滴定的标准病毒液；患者急性期及恢复期血清（56℃，30min 灭活补体）。

（3）实验步骤　　以组织细胞培养为例进行说明。

1）用细胞维持液连续倍比稀释患者急性期和恢复期血清。

2）取 1.0mL 不同浓度的稀释血清分别与 1.0mL 标准病毒液（100TCID$_{50}$/0.1mL）混合，置于 37℃水浴 1h。

3）取混合液 0.2mL 分别加到 96 孔细胞培养板中，每一稀释度接种 5 复孔。同时设 5 孔正常细胞对照孔（只加细胞维持液 0.2mL）和 5 孔病毒对照孔（只加 0.2mL 病毒液）。

4）将 96 孔细胞培养板置于 37℃、5% CO$_2$ 细胞培养箱中孵育，每日观察致细胞病变效应。

5）设置如下对照孔：①病毒滴度对照。将病毒液连续 10 倍稀释后，加到 96 孔细胞培养板中，每个稀释度接种 5 孔细胞，每孔加 0.1mL，以确定试验组加入病毒量是否合适。②必要时需设置抗体阳性血清对照孔和抗体阴性血清对照孔。

（4）结果判读　　计数不同血清稀释度产生细胞病变的细胞孔数，50%细胞不产生细胞病变的血清稀释度即 50%血清中和终点。

（5）计算方法　　应用 Reed-Muench 法举例说明患者恢复期血清 50%血清中和终点的计算方法（表 8-1）。计算过程如下：

$$距离比例 = \frac{50\% - 小于50\%的CPE阳性率}{大于50\%的CPE阳性率 - 小于50\%的CPE阳性率} = \frac{50\% - 40\%}{83.3\% - 40\%} = 0.23$$

50%血清中和终点为

小于50%的CPE阳性率血清稀释度的对数 + 距离比例 × 稀释系数的对数

$$= \lg 10^{-1.5} + 0.23 \times \lg 10^{-0.3} = (-1.5) + 0.23 \times (-0.3) = -1.57$$

−1.57 的反对数为 1/37，则 50%血清中和终点为 1:37，即 1:37 的患者恢复期血清可保护 50%细胞不产生细胞病变。

表 8-1　患者恢复期血清终点法中和试验结果

血清稀释度	CPE 孔数/接种孔数	CPE 累积数	无 CPE 累积数	CPE 阳性比例	CPE 阳性百分率/%
1:16（10$^{-1.2}$）	0/4	0	7	0/8	0
1:32（10$^{-1.5}$）	2/4	2	3	2/5	40
1:64（10$^{-1.8}$）	3/4	5	1	5/6	83.3
1:128（10$^{-2.1}$）	4/4	9	0	9/9	100

2. 固定血清-稀释病毒法

（1）实验目的　　检测待测样品中未知病毒。

（2）实验材料　　敏感宿主；已知的含病毒中和抗体的标准阳性抗病毒血清（20 抗体

单位/单位体积）；已知的阴性抗病毒血清；病毒分离物。

（3）实验步骤　　以组织细胞培养为例进行说明。

1）用细胞维持液连续 10 倍稀释病毒分离物（$10^{-1}\sim10^{-8}$）。

2）取 0.6mL 不同浓度的病毒稀释液与 0.6mL 已知的标准阳性抗病毒血清混合。

3）再取 0.6mL 不同浓度的病毒稀释液与 0.6mL 已知的阴性抗病毒血清混合。

4）将混合液置于 37℃ 水浴 1h，然后取 0.2mL 混合液分别接种于 96 孔细胞培养板中，每一稀释度接种 5 孔，同时设 5 孔正常细胞对照（只加细胞维持液）。

5）将细胞培养板置于 37℃、5% CO_2 细胞培养箱中孵育，每日观察致细胞病变效应。

（4）结果判读　　结果用病毒的半数组织培养感染量（$TCID_{50}$/单位体积）表示，应用 Reed-Muench 法或 Karber 法计算。

在中和试验中，抗病毒阳性血清组的 $TCID_{50}$ 的对数与阴性血清组的 $TCID_{50}$ 的对数之差大于或等于 2 时，中和试验结果判读为阳性，说明所分离到的病毒是与中和抗体对应的病毒。

（5）计算方法　　应用 Reed-Muench 法举例说明病毒 $TCID_{50}$ 的计算方法（表 8-2），计算过程如下：

$$距离比例=\frac{大于50\%的CPE阳性率-50\%}{大于50\%的CPE阳性率-小于50\%的CPE阳性率}=\frac{83\%-50\%}{83\%-17\%}=0.5$$

病毒 $TCID_{50}$ 的对数为

大于50%的CPE阳性率病毒稀释度的对数 + 距离比例×稀释系数的对数

$$=\lg10^{-6}+0.5\times\lg10^{-1}=(-6)+0.5\times(-1)=-6.5$$

阴性血清组的病毒 $TCID_{50}$ 为 $10^{-6.5}$/0.1mL。

按同样过程，计算阳性血清组病毒的 $TCID_{50}$。

表 8-2　阴性血清对照组的病毒 $TCID_{50}$ 计算表

病毒稀释度	CPE 孔数/接种孔数	CPE 累积数	无 CPE 累积数	CPE 阳性比例	CPE 阳性百分率/%
10^{-5}	5/5	10	0	10/10	100
10^{-6}	4/5	5	1	5/6	83
10^{-7}	1/5	1	5	1/6	17
10^{-8}	0/5	0	10	0/10	0

二、空斑减数法中和试验

1952 年，Dulbecco 把噬菌体空斑技术应用于动物病毒学，从而使病毒空斑技术（virus plaque formation）成为许多病毒的滴定和研究方法。

空斑减数法中和试验是一种敏感性较高的检测血清中和抗体的方法：将各稀释度的病毒液接种到单层细胞培养环境中，吸附 2h 后，在单层细胞上覆以琼脂糖，病毒感染细胞并在细胞中增殖，使细胞破裂死亡；由于固体介质的限制，释放的病毒只能由最初感染的细胞向周围邻近细胞扩散；经过几个增殖周期，便形成一个局限性病变细胞区，即病毒空斑；经中性红活细胞染料着色后，活细胞显红色，而蚀斑区细胞不着色，形成不染色区域，即病毒空斑。

空斑减数法中和试验应用空斑技术，将空斑减少50%的血清稀释度定义为血清的中和效价。基本原理及操作步骤与上面提到终点法中和试验基本相同，只是终点测定方法不同，详见本章交叉保护法中和试验案例。

三、交叉保护法中和试验

用同一种标准血清与两种或多种不同病毒待检标本进行中和试验，通过观察该血清对多种不同病毒感染是否产生中和作用及中和效价的差异，进而判断多种病毒是否具有抗原相似性，或用于病毒血清学分型的一种中和试验方法。测定方法可采用终点法，也可采用空斑减数法。交叉保护法中和试验基本原理、操作步骤及结果判读方法与上述两种中和试验相同，举例如下。

（一）实验目的

病毒血清学分型。

（二）实验材料

出血热恢复期患者血清；病毒标准株；标准血清；兔抗汉坦病毒、汉城病毒血清。

（三）实验步骤

1）将待检血清用牛血清 Hank's 液稀释成 1:10，56℃灭活 30min。

2）进一步 2 倍稀释血清成 1:20，1:40，1:80，…，对照血清 1:10 稀释。

3）稀释两种病毒至 200PFU/mL（在冰浴中进行）。

4）连续稀释的血清分别与 200PFU/mL 的两种病毒液等量混合（各 0.3mL），置于 37℃孵育 1h，每隔 15min 振荡一次。

5）吸弃各细胞培养孔中细胞维持液。

6）接种长满单层 Vero-E6 细胞的 24 孔细胞培养板，每孔接种血清病毒混合液、标准血清对照及两种病毒对照，每稀释度以 0.1mL/孔接种两孔。37℃孵育 1h，每隔 15min 摇动一次。

7）加第一层琼脂糖覆盖液（需冷却至 42℃左右），每孔 1mL，室温下待凝固，细胞面朝上，置 37℃、5% CO_2 细胞培养箱培养 7～9d。

8）加第二层含中性红琼脂糖覆盖液，每孔 1mL，室温下待凝固，细胞面朝上，置于 37℃、5% CO_2 细胞培养箱培养 2～5d，从第 2 天开始观察空斑数。

9）抗体滴度的判定：以比病毒对照的空斑数减少 50%的血清最高稀释度的倒数判为待检血清中和抗体的滴度。

10）型别判定：根据同一份血清与两种病毒的反应滴度不同来区分，如果一份血清与汉坦病毒反应的抗体滴度高于与汉城病毒反应的抗体滴度 4 倍或以上,即判为汉坦病毒型,反之则为汉城病毒型。

💡 本章思考题

1. 中和抗体是如何阻止病毒感染的?中和试验在疫苗研究中扮演何种角色?

2. 描述空斑减数法中和试验的过程,并解释为什么这种方法被认为是检测中和抗体的敏感方法。

3. 在交叉保护法中和试验中,如何根据血清对不同病毒的反应滴度来判断病毒的抗原相似性?

主要参考文献

李凡. 2018. 医学微生物学. 9 版. 北京:人民卫生出版社.

Burton D R. 2023. Antiviral neutralizing antibodies:from *in vitro* to *in vivo* activity. Nat Rev Immunol,23(11):720-734.

Dulbecco R. 1952. Production of plaques in monolayer tissue cultures by single particles of an animal virus. Proc Natl Acad Sci U S A,38(8):747-752.

Pizzi M. 1950. Sampling variation of the fifty percent end-point,determined by the Reed-Muench (Behrens) method. Hum Biol,22(3):151-190.

第九章　病毒的电子显微镜观察

◆ 本章要点

1. 通过学习扫描电子显微镜（SEM）技术，熟悉扫描电子显微镜的操作流程，包括设定电镜参数、预设拍照参数、图像保存与处理等，能够利用扫描电子显微镜观察病毒形态及表面结构。
2. 通过学习透射电子显微镜（TEM）技术，揭示病毒内部结构，深入了解TEM样品制备的不同方法并比较，如超薄切片技术和负染色技术，掌握其适用范围和操作细节。
3. 通过学习冷冻电子显微镜技术，从而利用这一前沿技术解析病毒三维结构，了解病毒学研究深入发展与冷冻电镜技术的发展趋势，了解最新的硬件设备和计算工具，激发创新思维，为未来的研究奠定基础。

　　电子显微镜（简称电镜）是一种以电子束为光源、由多组复合透镜组成的显微系统。其放大倍数和极限分辨率远超光学显微镜，已成为细胞级别以下直至原子级显微观察的主流工具。
　　病毒是微生物中体积最小的一种，绝大部分无法通过光学显微镜观察。因此，使用电子显微镜来鉴定病毒形态、了解病毒的组分和分子结构，是病毒诊断和鉴定，以及深入理解病毒生物学特性和机制的关键环节之一，这为揭示病毒的结构特征并最终解决病毒的相关问题奠定了基础。本章将主要介绍通用电子显微技术在病毒病原体研究中的应用。

第一节　扫描电子显微镜

　　扫描电子显微镜（SEM）是一种物质微观形貌特征表征的工具。它通过电子束按一定的时间和空间顺序逐点在样品表面扫描，产生包含样品表面形貌及成分信息的各种信号。通过对这些信号转换和放大，可以获取高分辨率的图像。SEM的主要构造包括电子光学系统、信号收集、处理和显示系统、真空系统和电源系统。在应用方面，近年来出现了湿法SEM、环境SEM与快速/高压冷冻SEM等先进样品制备技术，使得对非脱水样品的观察逐渐成为可能。这些技术的发展极大地扩展了SEM在生物学和材料科学中的应用范围，如在生物组织、细胞结构及纳米材料等方面的研究中具有重要意义。

一、样品制备

（一）过滤

选取孔径小于 50nm 的聚碳酸酯过滤膜，并使用 PBS 进行润湿处理。将 1∶50 的病毒稀释液注入滤膜上方的注射器，以 1mL/min 的恒压匀速过滤。如遇堵塞可尝试以至少 1∶5 的比例稀释后再进行过滤。

（二）干燥固定

负载完成后，干燥滤膜 30min 后剪碎，用导电胶固定于 9mm 样品台。

（三）导电处理

氩气环境下，旋转平台上完成金纳米颗粒溅射 120s。取出备用。

二、扫描电子显微镜拍摄与分析

（一）进样

将金纳米颗粒溅射后的样品取出放入进样口，预抽真空。

（二）设定电镜参数

完成进样，升高加速电压，选取步进距离、物镜光阑等参数，参考：6kV，8mm，30μm。

（三）预设拍照参数

预设放大倍数、拍照时间与照片分辨率，参考：3000～20 000×，160s，2560×1920pixel。

（四）图像保存

降低加速电压，拍照，存储。

（五）图像处理

图片导入 ImageJ、Photoshop 等软件进行美化、统计、粒径分析等过程。

第二节　透射电子显微镜

透射电子显微镜（TEM）是目前使用最为广泛的一类电子显微镜，主要由电子光学系统、真空系统、供电系统和辅助系统组成。它通过将电子束投射在超薄的样品上，利用电子与样品原子碰撞后投射的强度不同，形成高分辨率的图像。这种高分辨率使得 TEM 可以观察到原子尺度的细节，因此在纳米结构和材料科学研究中具有重要应用。在病毒样品的观察中，根据实验目的，可以选择不同的样品制备技术。透射电镜病毒样品常用的相关技术主要有超薄切片技术、负染色技术、免疫电镜技术和冷冻电镜技术。

一、病毒样品的超薄切片技术

病毒研究中很重要的一部分内容是研究病毒与宿主细胞内相关生命活动机器之间的相互作用。为了观察这种相互作用，最直观的一种方法就是利用电子显微镜的超薄切片技术，把病毒感染的细胞或组织样品制作成超薄切片，在透射电子显微镜下进行观察。超薄切片技术的主要流程可以概括为取材、固定、包埋、切片和切片后处理，这个流程可能还需要根据不同的实验需求进行调整。超薄切片技术又可分为常温超薄切片技术和冷冻超薄切片技术。常温超薄切片技术相对简单，操作便捷，不需要专门的冷冻设备，适用于对细胞外部形态特征的研究。然而，在常温超薄切片技术中，样品在切片过程中容易受到损伤，导致结构变化或失真，因此不适用于对细胞内部结构要求较高的研究。相比之下，冷冻超薄切片技术在切片过程中样品处于低温状态，能够有效地保持细胞结构的完整性，适用于对细胞内部结构要求较高或需要冷冻固定的研究，如亚细胞结构或蛋白质定位等相关研究。然而，冷冻超薄切片技术的操作相对复杂，需要特殊的冷冻设备和技术支持，且样品处理时间有限，需要尽快进行切片以避免结构的变化。虽然这两种技术在具体操作上存在很大的差异，但主要流程是一致的，并且目的都是在尽可能保存组织或细胞在取材时的真实生理状态和酶活性的前提下，制备出适合用于透射电子显微镜观察的超薄切片（厚度≤120nm）。这样可以提供高分辨率的图像，帮助研究者深入了解病毒与宿主细胞的相互作用。

（一）样品制备

1. 快速固定　迅速分离切取组织或细胞，尽快使组织或细胞与提前准备好的固定液作用，从而最大限度地保存组织或细胞在活体状态时的结构。

2. 完全脱水　样品经固定液和缓冲液冲洗后，在包埋之前进行彻底脱水。

3. 渗透　组织块在完全脱水后，即可进行渗透。先将样品置于100%脱水剂与等量包埋剂的混合液中，室温放置30min到数小时，然后将样品置于纯包埋剂中，室温放置几小时至过夜，中间更换两次新鲜的包埋剂。

4. 包埋块制作　把经渗透后的样品挑入已装有包埋剂的空心胶囊，或特制的锥形塑料囊，或多孔橡胶模板中，将包埋剂灌满，放入标签，然后根据包埋剂聚合时所需的温度和时间，将样品放进温箱中进行聚合，制成包埋块。

（二）常温超薄切片的制作和染色

1. 准备铜网　用无水乙醇或丙酮浸泡清洗铜网，待干燥之后覆上支持膜或者直接用来贴附切片。

2. 安放修块　在完成制刀和水槽的检查及对包埋块的修整后，把修好的包埋块固定在定向头上，然后将样品杆锁住，把定向头固定在样品杆上。

3. 对刀　　把装有水槽的刀插入到刀夹，并固定于合适的位置上，然后调整显微镜和刀的位置，使其能看清刀刃并能看到样品块的位置，完成对刀。

4. 注水　　向刀槽内注入双蒸水或 15%乙醇溶液。

5. 超薄切片　　加水后，即可打开自动切片开关使用 2mm/s 的切片速度进行切片，要获得较好的图像，一般需要有银白色至金黄色的干涉色切片。

6. 转移切片　　用镊子夹住铜网，轻轻接触液面上的切片，使切片覆于铜网上，然后晾干切片。

7. 染色　　在干净的培养皿内放置蜡板，把乙酸铀染液滴在蜡板上，将覆有切片的铜网覆于染液上，染色 15～30min，然后用双蒸水冲洗、吸干。再将铜网覆于柠檬酸铅染液上，染色 5～10min，用双蒸水冲洗、吸干，即可在常温透射电镜下观察。

（三）冷冻超薄切片的制备

冷冻超薄切片的大致步骤与常温超薄切片相似，只是对取材样品的厚度要求更薄，需 ≤0.5mm。它主要是通过高压快速冷冻，将样品中的水结成非晶态的冰，从而在固定细胞或组织生理状态的同时，硬化了细胞和组织，完成了"冰包埋"的目的。

二、负染色病毒样品透射电子显微成像

负染色是一种相对于常规正染色而言的染色方法，在病毒研究中被广泛使用。由于病毒主要由 C、H、O、N、P、S 等轻元素构成，常规电子显微镜对这些轻元素的基础衬度低，故选用负染色法以获得更高的衬度。该方法通过使用重金属染色剂颗粒填充铺展在病毒样品上的碳支持膜缝隙，形成黑色背景，在这样的背景下病毒则呈现为白色透亮的形态，从而反衬出病毒样品的细节结构。负染色法较其他样品制备流程具有快速简便的特点。在病毒冷冻电镜的研究中，负染色技术也被用于对样品颗粒的均一性、完整性、浓度和纯度等进行初步的定性分析，属于初筛评价的范畴。常用染色剂包括磷钨酸溶液、乙酸铀溶液。

负染样品制备根据染色方法可以分为悬滴法、喷雾法和漂浮法三种。目前最常用的为悬滴法，在此展开悬滴法的详细步骤。

（一）负染样品制备

1. 准备载网　　将负染电镜金属载网放入辉光放电仪中进行亲水化处理，抽真空 3min，Low 挡放电 40s。

2. 样品处理　　取 4μL 目的样品加在亲水化处理后的金属载网上，室温孵育 60s，用滤纸吸去多余的样品液，稍待片刻，迅速转移至 2%乙酸铀或 1%磷钨酸中进行染色，共染色 3 次，每次 10s。

3. 去除多余染料　　将多余的负染染料用滤纸吸去，等待自然风干，此步骤要注意防止正染。

4. 电镜观察　　预备使用低温 120kV 的配备 LaB6 灯丝或者钨灯丝的 FEI Tecnai Spirit

TEM 对制备好的负染样品进行观察和记录。

（二）透射电子显微镜操作

1. 电子显微镜准备程序 包含冷阱预置、真空重置与复核、启动电子源、升高加速电压、光路检查、合轴等操作。

2. 上样 取上步充分干燥的碳支持膜置于电子显微镜样品杆中，利用样品杆自带夹具固定碳支持膜并确认固定牢固，将样品杆推入镜筒等待真空稳定。

3. 拍摄 启动光路，寻找待测样品位置，锁定位置后设置合理放大倍数（病毒样品常选用 10 000～90 000×），调节焦距至欠焦不少于 1μm，拍摄图像。

4. 数据存储 拍摄完成后，确保所有获得的图像都被正确保存到计算机的指定文件夹中。使用包括样品名称、日期、放大倍数和其他重要参数的文件命名规则来组织和标识图像文件。

三、病毒免疫电镜技术

免疫电镜技术结合了免疫学方法与电子显微镜技术，利用抗原与抗体特异性结合的原理，可以精确定位病毒抗原在机体组织或培养细胞内的分布情况，观察病毒形态变化的过程，并且为病毒病原体的诊断提供有效手段。依据研究材料的性质、抗体和标记物的特点及抗原-抗体的作用方式，免疫电镜技术可以分为抗原-抗体免疫复合物电镜技术和免疫标记电镜技术两大类。

（一）抗原-抗体免疫复合物电镜技术

抗原-抗体免疫复合物电镜技术是利用未标记的特异性抗体与悬浮态抗原作用形成免疫复合物，然后经过常规的负染色处理，在电镜下显示抗原的形态、大小及血清学特性。根据抗体或抗原包被载网的先后顺序和方式，抗原-抗体免疫复合物电镜技术可以进一步细分为吸附法、修饰法、吸附-修饰法和凝集法。这些方法用于在载网上固定和定位抗原或抗体，以便进行电镜观察。各种方法的选择取决于研究的具体需求和实验条件。

1. 吸附法

（1）铜网预处理 先将铜网膜面漂在一滴 1∶10 稀释的抗血清上，在培养皿中保湿15min。

（2）滴洗 取出铜网，用 20 滴 0.05mol/L 的磷酸缓冲液（pH 7.0）连续滴洗，去掉多余抗血清。

（3）加样 吸掉余液后将铜网膜面漂在一滴病毒悬液上，在培养皿中保湿反应 30min以上。

（4）染色与观察 反应结束后用 20 滴磷酸缓冲液、30 滴双蒸水分别连续滴洗，吸掉余液后用 1%磷钨酸负染色，晾干，另设一组相同浓度的病毒悬液直接负染色作为对照，电镜下观察。

2. 修饰法

（1）加样 先用铜网蘸取病毒悬液，用数滴磷酸缓冲液滴洗。

（2）修饰 吸掉余液后将铜网膜面漂在一滴 1∶100 稀释的抗血清上，在培养皿中保湿反应 15～30min。

（3）染色与观察 反应结束后用 20 滴磷酸缓冲液、30 滴双蒸水分别连续滴洗，吸掉余液后用 1%磷钨酸负染色，晾干，另设一组相同浓度的病毒悬液直接负染色作为对照，电镜下观察。

3. 吸附-修饰法

（1）铜网预处理 先将铜网膜面漂在一滴 1∶10 稀释的抗血清上，在培养皿中保湿 15min。

（2）加样 取出铜网，将已包被的铜网在病毒悬液上吸附反应 30min 以上，然后用 20 滴磷酸缓冲液连续滴洗。

（3）修饰 再将此铜网膜面漂在一滴 1∶100 稀释的抗血清上，在培养皿中保湿反应 15～30min。

（4）染色与观察 反应结束后用 20 滴磷酸缓冲液、30 滴双蒸水分别连续滴洗，吸掉余液后用 1%磷钨酸负染色，晾干，另设一组相同浓度的病毒悬液直接负染色作为对照，电镜下观察。

4. 凝集法

（1）凝集 将 40μL 1∶100 稀释的抗血清与 20μL 病毒悬液混合，孵育 30min 至 2h。

（2）蘸取混合液 然后用铜网蘸取混合液，再分别用 20 滴磷酸缓冲液、30 滴双蒸水连续滴洗。

（3）染色与观察 吸掉余液后用 1%磷钨酸负染色，晾干，另设一组相同浓度的病毒悬液直接负染色作为对照，电镜下观察。

（二）免疫标记电镜技术

免疫标记电镜技术利用病毒表面或病毒内部抗原的标记定位，使用带有高电子密度标记物的抗体与病毒样品表面或内部的抗原结合，通过电镜观察这些标记物所处的位置，来间接证实免疫反应的发生。根据所使用标记物的不同，免疫标记电镜技术主要分为三类：铁蛋白标记免疫电镜技术、酶标记免疫电镜技术和金标记免疫电镜技术。免疫标记电镜技术是在不断选择和改进抗体标记物的基础上建立并发展起来的，主要经历了铁蛋白标记技术、酶标记技术和胶体金技术三个发展阶段。由于胶体金具有电子密度大、电镜下清晰可辨、稳定性好、制备方便等优点，已逐步取代铁蛋白标记技术和酶标记技术。另外，根据免疫标记与样品包埋之间的不同关系，免疫标记方法还可以分为包埋前免疫标记、包埋后免疫标记和不需要包埋的冷冻超薄切片免疫标记三种。

四、病毒样品的冷冻电镜技术

病毒等生物样品，通常以水合颗粒的形式存在于溶液、悬液中。快速冷冻技术是一种将生物样品迅速固定在微米级非晶态冰层中的方法，可以尽可能地保存样品的天然状态，特别适用于样品的三维形貌恢复等操作，从而获得更接近天然生理状态的结果。

电子显微镜于 20 世纪 30 年代被开发后，即被用于研究病毒形状、大小和与宿主的相互作用的二维信息。20 世纪 70 年代后，随着计算机技术的发展，人们开始使用病毒颗粒的负染图像来构建病毒的三维结构数据，从而可以不再单纯依赖 X 射线衍射技术获取病毒颗粒的结构信息。然而受到重金属染色和染色不均匀等因素影响，重建的结果通常只显示病毒颗粒的表面特征，并且这些结果与病毒的天然结构存在较大偏差。冷冻电镜技术在 20 世纪 90 年代开始被广泛应用，并在 21 世纪初得到成熟。这种技术解决了上述问题，大大促进了病毒结构研究的发展。随着冷冻电镜设备和计算技术的进步，以及分子生物学和病毒学的发展，病毒结构的信息呈指数级增长。

冷冻电镜技术通常是指冷冻电镜单颗粒成像技术及其结合的单颗粒分析平均算法和冷冻电镜断层成像技术及其结合的子断层图像平均法。这些技术的应用使得研究者能够直接观察到病毒样品的三维结构，从而深入了解病毒的形态和结构。

（一）冷冻电镜单颗粒成像技术

所谓"单颗粒"，就是指所研究的生物大分子复合物或超分子复合物在其悬浮态水溶液中具有"分布离散性""形态全同性""取向随机性"的颗粒性特征。通过电镜观察，可以获取具有"单颗粒"特征的生物样品的二维电子密度图像。在这些电镜照片中，可以挑选出几十张甚至几百张具有单颗粒特征的样品图像。由于这些样品是"形态全同"且"取向随机"的，那么这些像就如同一个单颗粒样品从不同角度拍摄得到的图像。通过将这些不同角度的二维投影进行三维空间的重构，就可以得到单颗粒样品的三维结构信息。

1. 样品制备

（1）负染色检测　　通过负染色电镜技术检测病毒样品的浓度、纯度、分散度和完整度。

（2）冷冻制样仪准备　　打开 FEI Vitrobot 进行制样舱温度和湿度的平衡，温度设置为 8℃，湿度设置为 100%，滤纸放在加样板的两侧。

（3）非晶态冰准备　　向冷冻制样泡沫盒中倒入液氮通过温度传感器进行铜碗和冷冻样品存储盒（box）的预冷，大约预冷 8min 后，缓慢向铜碗中注入乙烷，全程保持乙烷的液态化。

（4）载网亲水化处理　　选择合适的微筛载网规格和亲水化处理条件后，将冷冻电镜金属载网放入辉光放电仪中进行亲水化处理。

（5）制样　　在温度和湿度平衡好的制样舱内，取 3μL 目的样品加在亲水化处理后的金属载网上进行 1min 的孵育。一般情况下，制备冷冻样品前，病毒样品会在 4℃ 离心机中离心 10min 以去除杂质。然后根据实验需求，设置合适的吸附时间和吸附力度。

（6）液氮保存　　将制备好的冷冻样品从液态乙烷中转移至预冷好的样品存储盒里，然后将存放样品的样品存储盒转移至液氮罐里进行保存。

（7）冷冻电镜观察　　使用 200kV 或者 300kV 的冷冻电镜对制备好的冷冻样品进行观察记录，挑选出最终可以用于数据收集的冷冻样品。

2. 数据采集（以全手动模式为例）

（1）准备步骤　　控制室内温度低于 20℃，湿度低于 50%。液氮充分冷却转移腔、冷杆架、样品杆前端、样品杆后部小冷阱、镊子、螺丝刀等必备用品。电子显微镜准备程序包含冷阱预置、真空重置与复核、启动电子源、升高加速电压、光路检查、合轴等操作。

（2）样品转移　　将样品存储盒放入转移腔，将待测铜网放入样品杆前端凹槽，用卡具锁死并关闭样品保护盖板，在液氮保护下迅速插入进样口完成进样。额外抽气使真空降低，打开样品杆前端盖板。

（3）拍摄　　启动低剂量成像，以 400× 以下倍数全域锁定拍摄范围，转至寻找模式调节至拍摄所需的放大倍数（通常选取 40 000×～90 000×）并随机选定一处位置完成焦距调节，而后进入拍照模式迅速完成拍摄。一般的成像流程是首先进入搜索模式，调节中间镜电流使放大倍率低至适合目镜观察，此时电子剂量很小，可用于搜索合适的拍摄区域和聚焦区域；随后进入聚焦模式，在聚焦区域高倍聚焦（放大倍数不低于拍照的倍数），将光斑缩小到足够小，不影响聚焦即可，利用聚焦区域中的小冰晶或者小孔聚焦，以及正焦条件下没有衬度的条件来确定正焦点，并向欠焦方向调整以确定欠焦值；聚焦完成后即可使用束流遮挡遮蔽电子束流，然后移到预定的拍照区域，确定好拍照模式的放大倍率和电子剂量，按下拍照按钮，在快门打开的同时打开束流遮挡，曝光完成后再遮挡束流。

（4）数据收集与存储　　拍摄完成后，确保所有获得的图像都被正确保存到计算机的指定文件夹中。使用包括样品名称、日期、放大倍数和其他重要参数的命名规则来组织和标识图像文件。

3. 数据分析

（1）数据质量评估　　图像的数字化、图像质量评估。通过观察图像失真、衬度传递函数估算和冰厚度等指标来监控收集数据的质量。

（2）图像滤波和高频校正　　使用 MotionCor2，利用 CPU 进行样品位移的修正；使用 Gctf 软件或 CTFFIND4 程序对图像的 CTF 参数进行估算，然后对图像数据质量进行评估筛选及修正。

（3）颗粒的挑选　　因为病毒样品的尺寸较大，颗粒的可识别性高，可使用 RELION 或 CryoSPARC 等适配软件进行形态学的颗粒挑选。

（4）颗粒图像的无参照对齐和归类　　随后在 RELION 或 CryoSPARC 中使用 2D classification 进行反复的迭代除杂；选取 2D classification 中颗粒形态完整、信号清晰的类别进行后续的 3D classification。

（5）建立三维模型　　大部分病毒颗粒具有二十面体对称性，根据其手性将对称性设置为 I1 或 I3，进行 3D classification 和 3D refinement，若无二十面体对称性则使用另外的计算处理方法和流程。最后，进行 mask 和 post process 的优化处理得到高分辨率的三维结构。

（6）分辨率分析　　在模型优化中常常会伴随着过拟合的问题，为了避免这个问题对分辨率的误判，通常引入傅里叶壳层关联函数曲线，采用 0.143 这个阈值来判定分辨率。

（二）冷冻电镜断层成像技术

有许多病毒，如狂犬病毒等包膜病毒，本身不具有结构均一性或全同性。因此，冷冻电镜单颗粒技术并不适用，需要利用其他方法进行三维结构的解析。其中，冷冻电镜断层成像技术通过从同一区域获取多个不同角度的投影图像，利用反向重构算法重建研究对象的三维结构。与冷冻电镜单颗粒成像技术相比，冷冻电镜断层成像技术不要求样品颗粒有一定的对称性，也不需要样品具有全同性。因此，冷冻电镜断层成像技术在研究非定形、不对称和不具全同性的病毒及其复合物的三维结构和功能中具有独特且重要的优势。

1. 冷冻样品的制备 对于单独的病毒颗粒，以及电子束能穿透的较小或较薄的样品，如一些小的细胞，可以采用冷冻电镜单颗粒成像技术中的冷冻样品制备方法准备样品，再进行冷冻电镜断层成像研究。而对于许多对电子束难以穿透的厚样品，同时又需要保证样品的天然结构不受损害，则要采用冷冻离子束切片的方法进行样品制备。

2. 数据采集 前期的步骤同冷冻电镜单颗粒成像技术中的数据采集，当找到合适的成像区域后，调节样品台的倾转中心高度，确保样品在倾转时始终保持在成像中心范围；调焦；对同一成像区域进行精确跟踪；拍照；样品倾斜到另一角度，再次找到样品的位置中心，然后重复之前的步骤。最常见的收集数据的倾斜范围在 $-60° \sim 60°$，采用 $3°$ 间隔的线性步长。

3. 数据分析

（1）修正 针对成像过程中因不理想的成像条件导致的倾转角度偏差，图像自身的旋转、扭曲及放大倍数等问题进行相应的修正。

（2）配准 不同角度投影图像的配准。

（3）三维重构 配准后图像的反向投影进行 tomogram 的三维重构。

第三节 扫描透射电子显微镜

扫描透射电子显微镜（STEM）整合了扫描电子显微镜和透射电子显微镜的功能，不仅可以通过电子束在样品表面进行扫描，还可以利用电子穿透样品获得成像。STEM 技术对实验条件要求较高，需要极高的真空环境，其电子学系统也比 TEM 和 SEM 复杂。受限于电子的穿透能力，冰层太厚会导致很难获得高分辨率数据，进而影响三维重构的结果。特别是在冷冻电子断层成像过程中，随着倾转角度的增大，其厚度也会明显增加，这进一步导致数据的质量下降。但是，病毒颗粒的尺寸通常都比较大，直接在制备样品时降低冰层厚度容易导致样品坍塌进而蛋白质变形，影响样品质量；同时样品冰层减薄，也会使得我们想要观测的病毒颗粒容易附着于碳膜表面，产生优势取向问题。于是，考虑引入聚焦离子束双束技术（FIB-SEM）来解决这一问题。FIB-SEM 双束系统是指同时具有聚焦离子束减薄和扫描电子显微镜成像功能的系统，它可以实现实时观测样品加工的过程，从而确保在最小化病毒样品自身形态损伤的情况下，对其进行定点微纳尺度的精准切割，使得达到可以用于后续冷冻透射电子显微镜成像和三维重构的样品要求。

一、样品制备

1. 上样 对要减薄的冷冻样品在 200kV 的透射电镜进行观察检测，上样前，先在载网或者卡环上进行标记，便于定位。卡环正面朝下进行上样。

2. 预调参数 在调整完工作距离、对焦和 Z 轴后，在 stage 0°利用辅助气体注入系统（GIS）在样品表面喷涂 Pt，stage 20°时调电子束和离子束的共高。

3. 选中待切割区域 先使用合适的电流在低倍扫描电镜下选中观察好的要进行切割的区域。

4. 粗减薄 放大倍数升至 30 000 倍，对焦调焦，然后在 Ion beam 下将电流调整为一定大小进行样品的单侧或双侧粗减薄。

5. 精修 反复调整参数，对样品区进行精修，确保样品区规整、厚度合适，可用于后续冷冻电镜数据收集。

二、透射电子显微镜观察

步骤与冷冻电镜样品观察一致，详细步骤参考冷冻电镜的样品制备过程。

本章思考题

1. 在进行病毒颗粒的三维结构研究中，相比于 X 射线晶体衍射技术，扫描电子显微镜（SEM）和透射电子显微镜（TEM）有哪些独特的优势？

2. SEM 和 TEM 在样品制备上有何不同？这些差异如何影响成像质量？

3. 在病毒研究中，如何根据不同病毒颗粒的特点和实验目的，选择合适的电子显微镜技术来进行特定的观察？

主要参考文献

陈志华，李文博.2015. 透射电子显微镜技术在病毒学研究中的应用. 中国病毒学，30（4）：321-328.

卡恩.2012. 分子病毒学原理. 北京：科学出版社.

袁正宏，陈新文，蓝柯，等.2024. 病毒学原理.5 版. 北京：北京大学医学出版社.

张丽，王伟.2018. 扫描电子显微镜技术在病毒形态学研究中的应用. 电子显微学报，37（2）：156-162.

章晓中.2006. 电子显微分析. 北京：清华大学出版社.

Chen S，Liu Y，Li Y，et al. 2023. Advances in quantum dot labeling for single-virus tracking. Journal of Biophotonics，16（6）：e202200283.

Cheng Y. 2018. Membrane protein structural biology in the era of single particle cryo-EM. Curr Opin Struct Biol，52：58-63.

Liu H，Wang Z，Liu S，et al. 2023. Single-virus tracking with quantum dots in live cells. Nat Protoc，18（2）：458-489.

第十章　病毒成像示踪技术

本章要点

1. 通过学习荧光蛋白成像技术，利用 GFP 等荧光蛋白标记病毒，追踪其在细胞内的侵染路径，深入了解病毒与宿主细胞相互作用的动态过程，并理解荧光蛋白作为分子标记的强大功能。
2. 通过学习量子点成像技术实现高灵敏度的病毒颗粒实时示踪，熟练应用这一先进技术进行单病毒水平的研究，增强对病毒行为的理解并提高实验精度。
3. 通过这些技术的应用，探索病毒侵染机制、抗病毒药物筛选及疫苗研发中的广阔前景，能够结合理论与实践为未来参与前沿科研和开发新型治疗手段打下坚实基础。

　　病毒主要由内部核酸和蛋白质外壳组成，不具有传统的细胞结构。由病毒传染所造成的疾病不仅可以造成重大经济损失，而且对人类的生存和健康构成严重威胁。因此，深入研究病毒的生命周期对预防感染、早期诊疗和致病机制的探究都具有重要意义。

　　病毒感染宿主细胞是一个相当复杂的过程，同时涉及与细胞多种组分间的相互作用。传统的生物技术手段在研究病毒侵染机制方面具有一定的局限性，需要一种新技术能够实时、原位地研究病毒在活细胞内的侵染行为及该过程中细胞应答。病毒成像示踪技术通过标记单个病毒颗粒，从时间和空间上对其进行独立监测，并经特定软件分析病毒群体分布及运动规律，为揭示病毒侵染机制提供条件。目前，病毒成像示踪技术已经广泛用于研究多种病毒的入胞途径、病毒胞内转运动力学、病毒释放及其与细胞间相互作用等方面。本章主要从病毒的荧光标记物入手，从病毒的荧光蛋白成像示踪和量子点成像示踪方面进行介绍。

第一节 病毒的荧光蛋白成像示踪

一、荧光蛋白概述

荧光是物质吸收光照或者其他电磁辐射后发出的光。普通的萤光素酶发光需要底物和酶相互作用使产物分子处于一种激发态。荧光蛋白（fluorescent protein，FP）是一类自带发光基团的具有生物活性的蛋白质，不需要萤光素酶或其他辅助因子的作用，在紫外激发的条件下发出可见光。而且，在激发光照射下，荧光蛋白抗光漂白能力比荧光素强，故荧光蛋白被广泛地用作分子标记及示踪。

二、常见荧光蛋白简介

（一）绿色荧光蛋白

1. 绿色荧光蛋白的结构　　1962 年，绿色荧光蛋白（green fluorescent protein，GFP）首次从维多利亚多管水母（*Aequorea victoria*）体内分离，这也是第一个发现分离的荧光蛋白。1994 年，马丁·查尔菲首次在实验中成功表达 *GFP* 基因，使其可作为标签蛋白。从水母中分离出的 GFP 由 238 个氨基酸组成，分子质量约为 27kDa，是一种 β-桶状蛋白。

2. 绿色荧光蛋白的发光原理　　GFP 的发光团由第 65 位的丝氨酸（Ser65）、第 66 位的酪氨酸（Tyr66）和第 67 位的甘氨酸（Gly67）组成。当 GFP 在表达折叠过程中，Ser65 的羧基和 Gly67 的酰基发生亲核反应形成咪唑基，Try66 经过脱氢使芳香团与咪唑基结合，生成对羟基苯甲酸咪唑环酮生色团并发出荧光（图 10-1）。此外，由于发光团的形成依赖于 Try66 的氧化反应，故 GFP 处于氧化态时才能发光。强还原剂或者酸性条件能使 GFP 转变为非荧光形式，而一旦重新暴露在空气或氧气中，GFP 荧光便立即得到恢复。利用能量

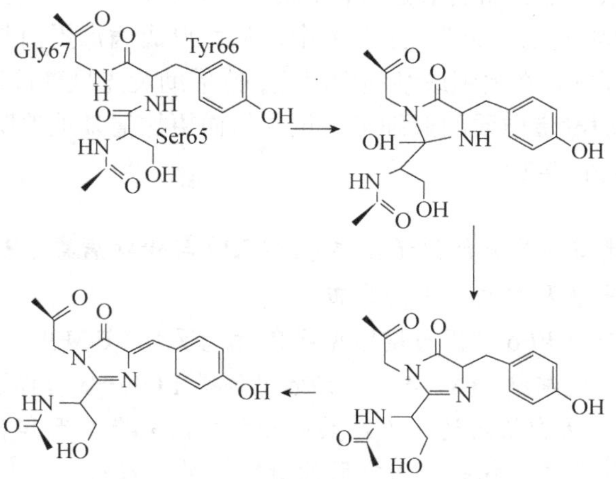

图 10-1　GFP 发光团形成过程

103

转移，GFP 能将水母发光蛋白通过化学作用发出的蓝色荧光转变为绿色荧光，GFP 吸收的光谱最大峰值为 395nm（紫外），并有一个峰值为 470nm 的副吸收峰（蓝光）；发射光谱最大峰值为 509nm（绿光），并带有峰值为 540nm 的侧峰，在 450～490nm 蓝光激发下，GFP 能保持 10min 以上荧光。

（二）其他荧光蛋白

钱永健等在 GFP 的基础上通过一系列的体外突变构建了发射波长不同但荧光强度更强的多种突变体，其中将发光团的第 65 位的 Ser 突变成 Thr 能明显增强绿色荧光蛋白的强度和稳定性，该突变体称为增强型绿色荧光蛋白（enhanced green fluorescent protein，EGFP）并被广泛应用于生物研究。此外，发光团的第 66 位 Tyr 突变成 His 或 Trp 时，可分别发出蓝绿光和蓝光，即青色荧光蛋白（cyan fluorescent protein，CFP）和蓝色荧光蛋白（blue fluorescent protein，BFP）。除了发光团的氨基酸突变以外，其他氨基酸的点突变也会改变荧光波长，如利用 Tyr 代替 203 位的 Thr 能得到黄色荧光蛋白（yellow fluorescent protein，YFP）。

红色荧光蛋白（red fluorescent protein，RFP）的发现晚于绿色荧光蛋白，直到 1999 年才首次被 Matz 在一种珊瑚虫中发现，其发射波长为 583nm，是绿色荧光蛋白的同源蛋白。从珊瑚中发现的红色荧光蛋白 dsRed 虽然激发和发射波长较长且细胞内成像背景较低，但其进行蛋白质融合时易形成多聚体，影响目的蛋白的表达。为此研究者对 dsRed 进行了一系列的改造，目前用于研究的红色荧光蛋白主要有 6 种：常规荧光蛋白、远红外荧光蛋白、具有斯托克斯位移的红色荧光蛋白、荧光定时器、可光活化红色荧光蛋白和可逆光开关红色荧光蛋白。

三、病毒蛋白融合荧光蛋白的策略及案例

荧光蛋白不需要额外底物，能够自发光，且发光基团无物种专一性，转入宿主细胞的荧光蛋白表达稳定，对大多数宿主细胞的生长和功能也无影响。因此，在研究病毒蛋白功能作用与特征时，将病毒蛋白与荧光蛋白融合表达成为一种新兴分子手段。荧光蛋白首先被连接到表达载体上构建成荧光蛋白融合表达载体，获得荧光蛋白融合表达载体后，把目的病毒蛋白基因通过同源重组的方法连接到表达载体中，从而形成病毒蛋白与荧光蛋白的融合蛋白表达载体，通过转染等方式在组织或细胞中表达，并借助荧光显微镜进行观察，就可以确定带着荧光蛋白标签的病毒蛋白质的亚细胞定位，从而更加清晰地追踪该蛋白的亚细胞活动规律（案例 10-1 及案例 10-2）。

【案例 10-1】构建增强型绿色荧光蛋白（EGFP）与轮状病毒（RV）*VP6* 基因融合表达载体，研究融合蛋白表达及在细胞中的分布

构建轮状病毒（RV）*VP6* 基因与增强型绿色荧光蛋白（EGFP）融合表达载体，将表达载体转染到恒河猴肾传代细胞 MA104 中，*VP6* 基因被 EGFP 蛋白标记为绿色，可在荧光显微镜下观察 *VP6* 基因的蛋白质表达水平及其在细胞内的分布情况和表达量的变化情况，为 *VP6* 基因在结构、功能及免疫保护作用方面的研究提供了基础。

1. 融合表达质粒的构建、提取及验证　　PCR 扩增的 *VP6* 基因片段及载体 pEGFP-C1

质粒 DNA 分别经双酶切后，目的基因片段和质粒载体片段在 T4 DNA 连接酶的作用下连接。连接产物转化至大肠杆菌 DH5α 感受态细胞中。将转化产物涂布于含卡那霉素（30mg/L）的 LB 平板培养。挑取单个菌落进行质粒扩增、碱裂解法制备重组质粒和酶切鉴定。

2. 融合蛋白在 MA104 细胞中的表达　　转染前一天，将 MA104 细胞接种到 12 孔细胞培养板中（内装有盖玻片）。将脂质体复合物加到含细胞和培养基的孔中，每孔 200μL，轻轻地前后摇动培养板，混匀，置于 37℃，5% CO_2 细胞培养箱孵育 4～6h 后，吸出吸附液，加入 1mL 含抗生素和 10% 小牛血清的 DMEM 培养液。转染后不同时间，在荧光显微镜下检测融合蛋白的表达结果（图 10-2）。

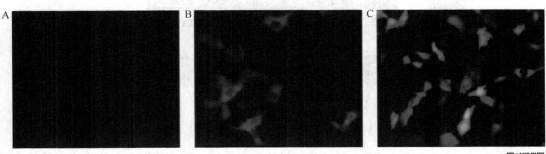

图 10-2　重组质粒 pEGFP-VP6 在 MA104 细胞中的表达

A. 未转染的 MA104 细胞对照；B. 融合表达载体 pEGFP-VP6 转染 MA104 细胞；
C. 绿色荧光蛋白载体质粒 pEGFP-C1 转染 MA104 细胞

【**案例 10-2**】构建 EGFP 重组伪狂犬病毒，为构建重组伪狂犬病活载体疫苗奠定基础

　　利用脂质体转染法将转移质粒 pMD-UL4-EGFP-UL3 与亲本 rPRV-bc-8 共转染至 PK-15 细胞，通过倒置荧光显微镜观察及 PCR 鉴定，确定 EGFP 基因已成功插入伪狂犬病毒基因组的 UL4 和 UL3 之间，经蚀斑纯化成功得到一株能够稳定表达 EGFP 基因的重组伪狂犬病毒 rPRV-UL4-EGFP-UL3。

1. 构建转移质粒　　利用 Axy Prep 体液病毒 DNA/RNA 小量试剂盒提取 PRV-SX 株基因组，扩增左同源臂 UL4 基因并连接入平端载体中，构建 pEasy-Blunt-UL4 质粒。将质粒 pMD-US6+7-EGFP-US2 与质粒 pEasy-Blunt-UL4 分别经双酶切，回收目的片段后用 T4 DNA 连接酶连接，获得转移质粒 pMD-UL4-EGFP-US2，再将质粒 pMD-UL4-EGFP-US2 与质粒 pUC-polyA-UL3 经双酶切，回收相应片段后经 T4 DNA 连接酶连接，获得转移质粒 pMD-UL4-EGFP-UL3。

2. 重组病毒的获得　　铺 PK-15 细胞至 24 孔细胞培养板，在细胞密度达 90% 左右时，取 rPRV-bc-8 病毒液 1μL 与 2μL 转移质粒 pMD-UL4-EGFP-UL3，利用脂质体法共转染细胞，待 CPE 达 80% 以上后于 −80℃ 及室温交替下冻融两次收毒。

3. 荧光显微镜鉴定 EGFP 重组病毒　　将转染后收集的病毒液接种于铺有单层 PK-15 细胞的 6 孔细胞培养板中，吸附 1h，弃去吸附液，每孔加入 3mL 含有 1% 琼脂与 5% 胎牛血清（FBS）的培养液，待培养液凝固后倒置于 37℃、5% CO_2 细胞培养箱中继续培养。接种 24h 后在倒置荧光显微镜下观察，挑选单个荧光蚀斑于 0.5mL DMEM 培养液中，振荡混匀后继续接种于长至单层的 PK-15 细胞，如此纯化 4 次后获得纯化病毒 rPRV-UL4-EGFP-UL3（图 10-3）。

图 10-3 纯化得到的重组病毒 rPRV-UL4-EGFP-UL3

第二节 病毒的量子点成像示踪

一、量子点概述

量子点（quantum dot，QD）又称为半导体纳米晶体，物理特性上属于零维无机纳米材料，一般由ⅡB-ⅥA族（包括 CdSe 和 CdTe）或ⅢB-ⅤA（如 InP 和 InAs）族元素构成。单病毒示踪中使用比较多的量子点由 ZnS 壳包裹 CdSe 内核组成。量子点的成像原理为通过施加一定的电场或光压，使得这种半导体纳米晶体材料发出特定频率的光。量子点的发射光谱由其形状、大小及化学组成决定，通过控制纳米晶体的大小可获得不同发射波长的量子点，现有量子点的发射波长可以实现对从紫外到近红外光谱范围的全覆盖。

量子点的激发光谱宽且连续，而发射光谱则窄且对称。量子点作为荧光工具具有明亮且稳定的特性，其亮度通常可比传统荧光蛋白高几个数量级，可获得更高的灵敏度和分辨率。量子点的稳定性也远高于传统荧光蛋白，荧光持续时间可长达数月。由于量子点的表面积较大，单个量子点上可容纳多个分子和抗体，因此可实现荧光信号放大和多通道成像。目前，量子点标记方法日渐成熟，从复杂低效向简易高效发展，为单病毒示踪领域提供了更多的材料基础和路径选择。

二、量子点标记病毒的策略

【案例10-3】应用生物素受体多肽（AP）和生物素连接酶（BirA）使 HIV 或 VSVG 假型病毒表面生物素化达到标记效果，可广泛用于包膜病毒的标记和示踪

应用生物素受体多肽（AP）和生物素连接酶（BirA）使 HIV 或 VSVG 假型病毒表面生物素化，进而通过生物素-亲和素相互作用实现对 HIV 或 VSVG 假型病毒粒子的量子点标记（图 10-4）。这种标记方法具有良好的荧光稳定性，且不影响病毒复制，可用于实时研究糖蛋白包膜病毒进入细胞的动态过程，也可用于对标记病毒转运进入 Rab$^+$ 内体的过程进行活细胞示踪。这个案例发掘了量子点标记技术在示踪病毒入侵靶细胞时的动态相互作用方面的潜能，可广泛用于多种包膜病毒的标记和示踪。

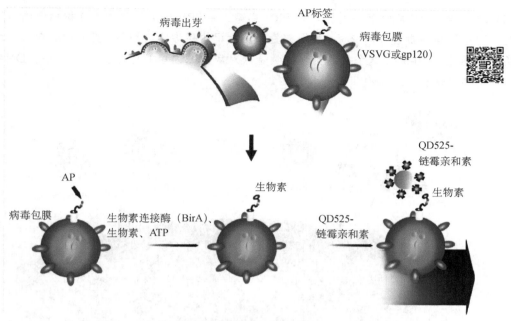

图 10-4　病毒外膜量子点标记示意图

1. AP-TM 质粒的构建　　　将 N 端融合人源 CD5 蛋白信号肽、C 端融合人源 CD7 蛋白跨膜区的 AP-tag 克隆至真核表达质粒（如 pcDNA3），使表达的 AP 可以定位于细胞膜。

2. AP 标记病毒的获得　　　AP 标记的假型慢病毒通过磷酸钙沉淀法瞬时转染人胚肾（HEK）293T 细胞获得。当 6cm 细胞培养皿中细胞密度达到 80% 时，共转染 5μg 慢病毒质粒 FUW、2.5μg AP-TM 质粒、2.5μg 包膜质粒（VSVG 或 HIV gp160）及 2.5μg 包装质粒（pMDLg/ pRRE 和 pRSV-Rev）。AP 标记的逆转录病毒，通过共转染 5μg MIG 质粒、2.5μg AP-TM 质粒、2.5μg 包膜质粒（VSVG）及 2.5μg 包装质粒（gag-pol）获得。上述两种标记病毒，均于转染后 48h 收取上清液，使用 0.45μm 的滤器对上清液进行过滤后，VSVG 假型病毒以 82 700×g 超高速离心 90min，HIV 病毒以 50 000×g 超高速离心 60min，离心获得的病毒沉淀用预冷的含有 5mmol/L $MgCl_2$ PBS 重悬。

3. 病毒的量子点标记　　　将浓缩于含 5mmol/L $MgCl_2$ 的 PBS 中的病毒粒子与 2.5mol/L BirA、10mol/L 生物素和 1mmol/L ATP 在 4℃ 孵育 60min，继续加入 30nmol/L QD525-链霉亲和素，在室温孵育 60min，病毒中的聚集体通过 0.45μm 的滤器过滤除去后用于成像。

4. 量子点标记病毒的活细胞观察　　　实时观察标记病毒与早期内吞体的共定位，量子点标记的病毒与细胞在 4℃ 孵育 30min 使得病毒与细胞结合。将结合病毒的细胞于 37℃ 放置 10min，诱发病毒内化，通过共聚焦显微镜进行图片采集。

【案例10-4】通过 CRISPR/Cas9 基因编辑技术将量子点标记至病毒基因组，应用于 DNA 病毒的标记和示踪

通过体外纯化生物素标记且核酸酶失活的 rCas9（rdCas9-Bio）及针对狂犬病毒（PRV）*US2* 基因的 gRNA（gRNA$_{us2}$），将 rdCas9-Bio/gRNA$_{us2}$ 复合物及链霉亲和素偶联的 QD（SA-

QD）共转染至 HEK293T 细胞后，以 PRV 感染，在 PRV 组装过程中 QD 被标记到病毒基因组上而不影响病毒囊膜和衣壳。利用被量子点标记的病毒感染细胞，实现对病毒入侵过程的实时观察（图 10-5）。这个案例实现了量子点对病毒基因组的标记，可广泛用于 DNA 病毒的标记和示踪。

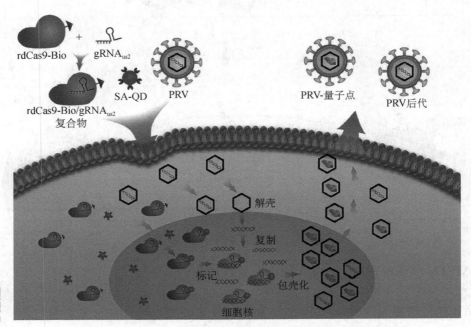

图 10-5　病毒基因组量子点标记示意图

1. 生物素标记的 rdCas9 质粒的构建　分别在 rCas9 的 N 端和生物素受体肽（BAP）的 C 端融合核定位信号，将序列克隆至 pET-28a 原核表达载体获得 pET-28a-rCas9-BAP，为实现生物素化，含 T7 启动子的生物素连接酶（BirA）编码序列被进一步克隆至 pET-28a-rCas9-BAP，获得 pET-28a-rCas9-BAP-BirA 质粒，对 rCas9 进行 D10A 和 H840A 突变，使得 rCas9 核酸酶活性丧失，获得 pET-28a-rdCas9-BAP-BirA 质粒。

2. 生物素标记的 rdCas9 和 gRNA 的表达和纯化　将原核表达质粒 pET-28a-rdCas9-BAP-BirA 转化至大肠杆菌 BL21 Rosetta 细胞，抗性平板上挑取单克隆，加入 0.1mmol/L 异丙基硫代半乳糖苷（IPTG）和 80μmol/L 生物素，对生物素化的 rdCas9 进行诱导表达。16℃过夜后，收集细胞沉淀并超声，通过镍柱对 rdCas9-Bio 蛋白进行纯化。设计好的 gRNA$_{us2}$ 通过 gRNA 合成试剂盒进行转录和纯化。

3. 量子点标记的 PRV 的获得　HEK293T 细胞提前 24h 传于 75cm^2 细胞培养瓶，使用 Lipofectamine CRISPRMAX Cas9 转染试剂，将 rdCas9-Bio/gRNA$_{us2}$ 复合物转染至细胞。将 49.3μg rdCas9-Bio 和 9.9μg gRNA$_{us2}$ 与 98.6μL 无血清培养基稀释的 Cas9 Plus Reagent 中混匀，立即加入 177.6μL 同样用无血清培养基稀释的 CRISPRMAX Reagent，孵育 10min 后，将获得的 rdCas9-Bio/gRNA$_{us2}$ 复合物加至细胞，6h 后，以 PBS 润洗细胞 3 次，以 20μL XtremeGENEHP DNA 转染试剂，将 20nmol/L 链霉亲和素偶联的 QD605（SA-QD）转染至

细胞，4h 后换液为 2% FBS DMEM，野生型的 PRV 以 10MOI 感染细胞，48h 后收集上清液，3000×*g* 4℃离心 30min 去除细胞碎片，上清液以 0.45μm 的滤膜过滤，通过 100kDa 的超滤管洗 3 次，去除未标记的 SA-QD，获得的量子点标记的 PRV 用 PBS（pH 7.4）重悬后即可用于后续示踪实验。

💡 本章思考题

1. 简述病毒单颗粒示踪技术的优势，并举例说明该技术如何帮助揭示病毒侵染机制。
2. 荧光蛋白作为病毒标记物有哪些特点？在病毒研究中如何利用其特性进行病毒成像？
3. 量子点在病毒研究中有哪些应用？与传统荧光蛋白相比，量子点作为标记物有哪些优势？

主要参考文献

Chalfie M，Tu Y，Euskirchen G，et al. 1994. Green fluorescent protein as a marker for gene expression. Science，263（5148）：802-805.

Han M，Gao X，Su J Z，et al. 2001. Quantum-dot-tagged microbeads for multiplexed optical coding of biomolecules. Nat Biotechnol，19（7）：631-635.

Heim R，Cubitt A B，Tsien R Y. 1995. Improved green fluorescence. Nature，373（6516）：663-664.

Larson D R，Zipfel W R，Williams R M，et al. 2003. Water-soluble quantum dots for multiphoton fluorescence imaging *in vivo*. Science，300（5624）：1434-1436.

Liu H，Wang Z，Liu S，et al. 2023. Single-virus tracking with quantum dots in live cells. Nat Protoc，18（2）：458-489.

Matz M V，Fradkov A F，Labas Y A，et al. 1999. Fluorescent proteins from nonbioluminescent Anthozoa species. Nat Biotechnol，17（10）：969-973.

Peng Z A，Peng X. 2001. Formation of high-quality CdTe，CdSe，and CdS nanocrystals using CdO as precursor. J Am Chem Soc，123（1）：183-184.

Protasenko V，Bacinello D，Kuno M. 2006. Experimental determination of the absorption cross-section and molar extinction coefficient of CdSe and CdTe nanowires. J Phys Chem B，110（50）：25322-25331.

Remington S J. 2011. Green fluorescent protein：a perspective. Protein Sci，20（9）：1509-1519.

Yang X，Zhao D，Leck K S，et al. 2012. Full visible range covering InP/ZnS nanocrystals with high photometric performance and their application to white quantum dot light-emitting diodes. Adv Mater，24（30）：4180-4185.

第十一章 工程病毒载体

本章要点

1. 通过学习腺病毒载体技术，掌握其作为高效、安全的基因治疗及疫苗研发工具的应用，理解如何利用这一载体实现外源基因的有效传递，并应用于临床和预防医学领域。

2. 通过理解杆状病毒载体技术，学会选择和使用适当的表达系统进行基础科学研究和农业生物技术开发。

3. 通过学习其他病毒载体（如腺相关病毒、逆转录病毒及痘病毒载体）的技术，了解它们各自的特点及其在基因传递及疫苗研发中的广泛应用，为根据具体需求选择最合适的载体平台打下基础。

在现代生物医学研究中，工程病毒载体已成为一种不可或缺的工具，它们通过基因工程技术改造，能够高效、精准地将外源遗传物质递送到目标细胞内，进而在基因治疗、疫苗研发、药物筛选及基础研究中发挥重要作用。随着科学技术的不断进步，多种类型的工程病毒载体被开发出来，并在不同领域展现出其独特的优势。本章将重点介绍腺病毒载体、杆状病毒载体、腺相关病毒载体、逆转录病毒载体、痘病毒载体及 RNA 病毒反向遗传技术，探讨它们的特性、应用、研究进展及具体实验方案。

腺病毒载体作为一种常用的基因传递工具，具有宿主范围广、感染效率高、不整合到宿主细胞基因组等优点，在基因治疗和疫苗研发中得到了广泛应用。杆状病毒载体则以其独特的生物学特性，如昆虫特异性感染和高效表达外源基因等，在昆虫基因功能研究和生物农药开发等领域展现出巨大潜力。腺相关病毒载体以其低免疫原性、长期稳定的基因表达等特点，在基因治疗领域备受关注。逆转录病毒载体和痘病毒载体则分别以其能够稳定整合到宿主细胞基因组和具有强大的免疫原性等特点，在基因疗法和疫苗研发中发挥着重要作用。而 RNA 病毒反向遗传技术则为 RNA 病毒的研究提供了强有力的工具，推动了 RNA 病毒学的发展。

本章将对这六类工程病毒载体进行详细的介绍和分析，以期为读者提供一个全面、深入的了解。

第一节　腺病毒载体

一、腺病毒概述

腺病毒（adenovirus，Ad）是感染人类和动物的常见病原体，可感染哺乳动物、鸟类、鱼类、爬行动物和两栖动物等脊椎动物，1953 年首次从人腺样组织分离而得名。腺病毒科主要由哺乳动物腺病毒属和禽腺病毒属组成。已发现 100 多个腺病毒血清型，其中人腺病毒有 52 个血清型，分为 A、B、C、D、E 和 F 6 个亚群（subgroup）。

腺病毒为双链 DNA 无包膜病毒。其 DNA 分子各含有 $100\sim140$bp 末端反向重复（inverted terminal repeat，ITR）序列。衣壳呈二十面体立体对称，由六邻体、五邻体组成，每个五邻体上伸出一条纤突。纤突是腺病毒与其相应的细胞表面柯萨奇-腺病毒受体（Coxsackie-adenovirus receptor，CAR）结合的部位，介导腺病毒与受体细胞的接触而感染宿主细胞。

腺病毒基因组分为早期转录区（E1A、E1B、E2A、E2B、E3、E4 区域）和晚期转录区（L1~L5 区域）。早期转录多为非结构蛋白，为病毒 DNA 复制创造条件。E1A 蛋白具有转录调节功能，可以激活病毒其他基因的启动子，并与细胞癌基因相作用而促进细胞转化。E2 区编码的蛋白质与病毒 DNA 复制有关。E3 区编码的蛋白质可调控宿主免疫功能，保护感染细胞免受宿主免疫应答攻击。晚期转录多为病毒结构蛋白。

腺病毒可感染人体多种组织细胞，并在细胞内复制产生大量新的子代病毒。腺病毒可在原代人胚肾细胞和上皮细胞来源的传代细胞系，如 HEK293 细胞、Hep-2 细胞、HeLa 细胞和 KB 细胞等细胞内增殖，引起 CPE。其中 HEK293 细胞是经 Ad5 转化的原代 HEK 细胞，保留有腺病毒基因组的 E1A 和 E1B 区域，适宜腺病毒增殖。

二、腺病毒载体研究概况

腺病毒载体可用于基因治疗和疫苗载体，具有以下优势：①基因组信息清楚，便于操作；②宿主范围广，分裂细胞和静止期细胞均能感染；③可以制备出病毒滴度高、稳定性好的病毒；④性质相对稳定，病毒基因组很少发生重排；⑤不在宿主 DNA 中整合，安全性相对较高。腺病毒载体的主要缺点是易引起局部组织的炎症反应和机体免疫效应。腺病毒在人群中早已流行，大部分成人体内有腺病毒中和抗体存在，在载体选择上应该注意避免人群已有抗体的中和作用。

三、复制缺陷型、复制型和靶向性重组腺病毒载体

1. 复制缺陷型重组腺病毒载体　用于基因转移的腺病毒载体主要是在人腺病毒 C 亚群的 Ad2 型和 Ad5 型基础上构建的，由于缺失 *E1* 基因，病毒在体内不能复制。一般将 *E1*

和（或）*E3* 基因缺失的腺病毒载体称为第一代腺病毒载体，此类型载体除在宿主细胞内表达目的蛋白外，尚有低水平病毒蛋白表达，因此可引发机体产生较强的炎症反应和免疫反应。为了降低载体的免疫原性，在 *E1*、*E3* 缺失的基础上进一步缺失 *E2* 或 *E4* 区而构建形成第二代腺病毒载体。第二代腺病毒载体产生的免疫反应较弱，其载体容量和安全性方面有所改进，但病毒包装难度高，出毒和病毒滴度下降，使其应用受到限制。第三代腺病毒载体缺失了大部分腺病毒基因，只保留 ITR 序列和包装信号序列，需要一个腺病毒突变体作为辅助病毒，因此也被称为辅助病毒依赖性腺病毒载体（helper-dependent adenovirus vector，hdAd）。其安全性进一步提高，免疫反应性降低，表达外源基因的时相明显延长，最长可达一年以上。

2. 复制型重组腺病毒载体　　*E3* 区缺失的腺病毒载体，由于保留了 *E1* 区，病毒能够复制。*E3* 区缺失能解除腺病毒免疫逃逸功能，诱导较强的免疫应答。因此，复制型重组腺病毒载体多用作疫苗载体。此外，经过改造的条件复制型腺病毒可以选择性地在肿瘤细胞等靶细胞内复制，高效表达目的基因，同时可杀伤靶细胞，形成一种新的基因治疗策略。

3. 靶向性重组腺病毒载体　　肿瘤细胞低表达腺病毒纤维蛋白（构成纤突）的受体CAR，同时高表达唾液酸糖蛋白受体和表皮生长因子受体等分子。通过封闭或改变腺病毒纤维蛋白 Knob 结构域，并引入肿瘤细胞表面分子结合的特异性配体，可以改变腺病毒的组织细胞嗜性，特异性感染肿瘤细胞，降低对正常组织的毒性，增强其基因治疗的安全性。

四、常用复制缺陷型重组腺病毒包装系统

以目前较常用的 AdEasy 系统和 AdMax 系统为例，说明如下。

1. AdEasy 系统　　AdEasy 腺病毒载体系统属于第 1 代 *E1* 区（1～3533bp）和 *E3* 区（28 130～30 820bp）双缺失型 Ad5 型腺病毒载体系统。在本系统中，首先将目的基因插入一个转移载体，然后在大肠杆菌 BJ5183 中与缺失 *E1* 和 *E3* 区的病毒 DNA 质粒 pAdEasy-1进行同源重组。将得到的重组腺病毒基因线性化，暴露其 ITR 序列，转染 *E1* 区互补细胞系人胚肾 293（human embryonic kidney，HEK293）细胞后产生重组病毒颗粒。

作为转基因研究主要手段的 AdEasy-1 重组腺病毒载体可感染广泛的哺乳动物细胞，宿主细胞广泛，能感染分裂和非分裂期细胞；容量大，可插入外源基因片段达 7.5kb；具有高转染率、高病毒滴度的优点，经纯化后可以达到 10^{12}PFU/mL；安全性较好，携带的外源基因不整合到宿主细胞基因组中，插入突变风险极低，且插入的目的基因表达相对持久稳定。

2. AdMax 系统　　AdMax 系统由穿梭质粒 pDC316 和骨架质粒 pBHGloxΔE1,3Cre 组成，它们各含有一个同向排列的 loxP 位点。将克隆了外源基因的腺病毒穿梭质粒与携带了腺病毒大部分基因组的骨架质粒共转染 HEK293 细胞，利用 Cre/loxP 系统的作用实现重组，产生重组腺病毒。pDC316 含有 mCMV 启动子、包装信号（ψ）和 ITR 序列；pBHGloxΔE1,3Cre 含有 Ad5 型腺病毒的大部分基因组和 *Cre* 基因，*E1* 和 *E3* 区缺失，同时不含包装信号。双质粒共转染 HEK293 细胞后，pBHGloxΔE1,3Cre 携带的 *Cre* 基因开始表达，通过重组酶（Cre-loxP）识别克隆外源基因并带有 loxP 位点的 pDC316，介导各含有 1 个 loxP 位点的穿梭质粒和骨架质粒进行特异性重组，发挥整合作用，获得重组腺病毒。pBHGloxΔE1,3Cre 携带了

Ad5 的大部分基因组，但缺少了形成有感染能力的腺病毒颗粒不可或缺的包装信号，pDC316 正好可以与其互补，因此只有两个质粒发生重组，才能完成腺病毒的生活周期，包装成为具有感染力的重组腺病毒，得到含有外源基因的重组腺病毒，同时又避免了辅助病毒的污染问题。相对于 AdEasy 系统，AdMax 系统的优势是操作便利，重组率高，病毒滴度高，所需时间较短。

五、实验方案

腺病毒包装因包装系统不同和具体试剂盒不同，方法有所差异。以下就目前较常用的 AdEasy 系统和 AdMax 系统，举例说明如下。

1. AdEasy 系统

（1）构建含有外源病毒目的基因的穿梭质粒载体　　扩增目的基因全片段，回收目的基因后构建在穿梭质粒载体 pAdTrack-CMV 上，获得含有外源基因的穿梭质粒。

（2）腺病毒载体包装　　用限制性内切酶线性化含有外源基因的穿梭质粒，利用同源重组系统，将细菌中含有目的基因的穿梭质粒和腺病毒骨架载体 pAdEasy-1 同源重组，获得重组腺病毒质粒。用内切酶线性化重组腺病毒质粒后，转染 HEK293 细胞，在 HEK293 细胞中包装产生重组腺病毒颗粒。

（3）重组腺病毒鉴定　　利用穿梭质粒 pAdTrack-CMV 上带有的绿色荧光蛋白（GFP）基因，可用荧光显微镜直接观察绿色荧光蛋白的表达情况，检测转染和感染效率。

（4）重组腺病毒扩增和纯化　　用鉴定合格的重组病毒感染 HEK293 细胞，扩增培养，用荧光显微镜观察绿色荧光蛋白基因的表达。然后，反复冻融裂解细胞，收集上清液通过氯化铯密度梯度离心法进行纯化。将纯化后的腺病毒分装保存于−80℃冰箱。TCID$_{50}$法联合绿色荧光蛋白表达情况检测病毒滴度，将不同浓度病毒接种至生长有 HEK293 细胞的 96 孔细胞培养板，培养 10d 后观察 CPE 现象或绿色荧光蛋白基因的表达情况，根据 Reed-Muench 公式计算病毒滴度。

2. AdMax 系统　　将目的基因连接至穿梭载体上，然后与骨架载体进行重组，在 HEK293 细胞内包装成腺病毒颗粒。

（1）构建含有外源病毒目的基因的穿梭质粒载体　　将目的基因连接至穿梭载体 pDC316 上。将连接产物转化至感受态细胞 E. coli（DH5α）中。将质粒测序后与目的基因序列比对，确定连接的准确性。

（2）腺病毒载体包装　　将转染试剂 Lipofectamine2000、pDC316-目的基因和腺病毒骨架载体质粒 pBHGloxΔE1,3Cre 稀释于 DMEM F12 基础培养基，共转染 HEK293 细胞。转染后 4h 换培养基为 DMEM F12 完全培养基，继续培养 7～10d。转染 6d 后每天观察致细胞病变效应（CPE）。待细胞出现 CPE 后，收细胞，加入 PBS，−80～37℃快速反复冻融 3 次裂解细胞，裂解液中即含有病毒颗粒，离心收集裂解液上清，为第一代毒种。

（3）重组腺病毒的鉴定　　用第一代毒种感染宿主细胞，通过观察 CPE 及 PCR 进行验证。①CPE 的观察：在 HEK293 细胞融合度达到 70%～90% 时分别加入相应的病毒上清液，其中有一瓶细胞只加 DMEM F12 完全培养基，不做其他任何处理，作为阴性对照。此后每天观察，待细胞出现明显的 CPE 时，说明有腺病毒感染。②PCR 验证重组腺病毒的产生：收集出现 CPE 的细胞，反复冻融裂解收上清液作为模板，PCR 扩增目的基因验证是否重组成功。

（4）重组腺病毒的扩增、纯化和滴度测定　　用鉴定合格的第一代毒种感染 HEK293 细胞，扩增培养，待细胞出现明显 CPE 时收集细胞，反复冻融裂解细胞，收集上清液通过氯化铯密度梯度离心法进行纯化。将纯化后的腺病毒分装保存于-80℃冰箱。TCID$_{50}$法检测病毒滴度，将不同浓度病毒接种至生长有 HEK293 细胞的 96 孔细胞培养板，培养 10d 后观察 CPE 现象，根据 Reed-Muench 公式计算病毒滴度。

六、注意事项

1）不同载体的克隆容量不同，根据目的基因大小选择不同载体。

2）不同载体的互补细胞不同。

3）收到的病毒溶液若在短期内使用，可于 4℃保存（一周内使用完最佳）；如需长期保存请分装后放置于-80℃。反复冻融会降低病毒滴度。

4）腺病毒生物安全等级为 2 级，对 75%乙醇敏感。

第二节　杆状病毒载体

一、杆状病毒分类

杆状病毒是一类具有囊膜包裹的双链环状 DNA 病毒，在自然界中宿主主要为鳞翅目、膜翅目和双翅目的昆虫，少数也可以感染甲壳纲的节肢动物。属于杆状病毒科（*Baculoviridae*），分为核型多角体病毒属和颗粒体病毒属。NPV 根据病毒粒子在包膜中的粒子数目不同而划分为多核衣壳核型多角体病毒（MNPV）和单核衣壳核型多角体病毒（SNPV）。目前已从 800 多种昆虫体内分离鉴定出 600 多种杆状病毒。用作外源基因表达载体的杆状病毒主要为核型多角体病毒。近几十年，有关杆状病毒基因结构、功能和表达调节的研究进展迅速，其中研究最深入的是苜蓿银蚊夜蛾多核衣壳核型多角体病毒（*Autographa californica* multicapsid nucleopolyhedrovirus，AcMNPV）。该病毒能感染 30 多种鳞翅目昆虫，被广泛用作基因表达系统载体。

二、杆状病毒生物学特性

杆状病毒 DNA 以超螺旋形式压缩包装在杆状衣壳内，一般为棍棒状，长度为 200～400nm，宽度为 40～110nm。DNA 复制后组装在杆状病毒的核衣壳内，后者具有较大的柔韧性，可容纳 8～15kb 的外源 DNA 插入，因此杆状病毒是大片段 DNA 的理想载体。在病毒复制过程中，首先产生出芽型病毒粒子（budded virus，BV）。BV 通过芽生方式从细胞中释放出来，再感染其他细胞，复制后期产生多角体源性病毒体（polyhedron derived virion，PDV）。PDV 在细胞核内获得包膜，再被包被在蛋白质包涵体中，形成包涵体病毒粒子（occluded virus，OV）。OV 在细胞裂解后释放到周围环境中，再感染其他细胞。因此 OV 是昆虫间水平感染的病毒形式，昆虫食入 OV 引起感染；BV 是个体内细胞间病毒的感染形式。

杆状病毒的基因组为单一闭合环状双链 DNA 分子，大小为 80～160kb。其基因分为杆状病毒结构蛋白基因、与病毒转录和复制相关的基因及杆状病毒的其他功能基因。根据基因表达的时序性分为早期基因（包括即早期基因和早滞期基因）和晚期基因（包括晚期基因和极晚期基因）。早期基因表达可为病毒复制创造条件，随后病毒 DNA 复制，病毒 RNA 聚合酶活化，宿主转录明显被抑制。晚期基因表达产物包括病毒粒子结构蛋白和病毒释放相关蛋白，其中包括多角体（ph）蛋白和 P10 蛋白。多角体蛋白是形成包涵体的主要成分，P10 蛋白与细胞溶解有关。二者均为病毒复制非必需成分，它们的启动子具有较强的启动能力，是外源基因理想的插入位点。

三、杆状病毒载体概述

杆状病毒表达载体系统（baculovirus expression vector system，BEVS）是以杆状病毒作为外源基因载体，以昆虫细胞作为宿主进行基因组自我扩增和目的蛋白的表达。杆状病毒基因组庞大，不能直接插入外源基因，因此需要中间质粒载体和野生型杆状病毒整合成含有外源基因的重组杆状病毒才能实现外源基因的表达。1981 年，Miller 从理论上阐述了杆状病毒作为载体表达外源基因的可行性。1983 年，Smith 等成功地利用 AcMNPV 作为载体在草地夜蛾细胞系（*Spodoptera frugiperda* cell line，Sf）细胞中表达了人 β-干扰素基因。1990 年，Kitts 把一个 *Bsu*36 I 内切酶位点引入多角体基因附近。用 *Bsu*36 I 线性化 AcMNPV 后，重组效率大大提高。1993 年，Luckow 构建了一种能够在昆虫细胞和大肠杆菌之间穿梭的质粒，该质粒携带有杆状病毒基因组的部分序列，被命名为"杆粒"（bacmid），这一名称源自"baculovirus"（杆状病毒）和"plasmid"（质粒）的组合。构建重组杆状病毒的关键在于构建穿梭转移载体：将目的基因插入 *ph* 或 *p10* 启动子下游的多克隆位点，因转移载体中含有与野生型杆状病毒进行重组的同源序列，所以转移载体与亲本病毒 DNA 进行重组时将获得携带有外源基因的重组病毒。构建重组杆状病毒可分为细胞内重组和细胞外重组两种方式。细胞内重组方式即使用转移载体和亲本杆状病毒共感染昆虫细胞，使外源序列通过与亲本杆状病毒基因组之间的同源序列发生重组，从而得到重组病毒。胞外重组的方式大大提高了重组杆状病毒的准确率。重组后的病毒可以通过空斑纯化或标记基因筛选。由于重组病毒不含有多角体基因，不形成包涵体，因此可在光学显微镜下利用这一特征把含有外源基因的重组病毒体筛选出来。将 β-半乳糖苷酶基因（*LacZ*）引入穿梭载体，可在含 X-gal 的培养物中形成蓝色菌落，如果有基因插入则会形成白色菌落，使筛选更加容易。

昆虫杆状病毒表达载体系统已成为生产与研究各种原核和真核蛋白有力且普及的工具，其优势如下：①昆虫细胞能对翻译后蛋白质进行磷酸化、酰基化、信号肽切除及肽段的切割和分解等加工修饰。外源基因在昆虫细胞内能进行正确折叠，表达出的目的蛋白结构上更接近天然蛋白，具有完整的生物学功能。②杆状病毒能容纳大分子的插入片段，能包装大的基因片段。③杆状病毒表达系统具备在同一细胞内同时表达多个基因的能力，既可采用不同的重组病毒同时感染细胞，也可在同一转移载体上同时克隆两个外源基因，表达产物可加工形成具有活性的异源二聚体或多聚体。多启动子技术也使得杆状病毒表达系统可以同时表达多个蛋白质，非常适合于结构复杂的抗原如病毒样颗粒（virus-like particle，VLP）的构建。④昆虫细胞可以悬浮生长，容易进行放大培养，有利于大规模表达重组蛋白。⑤杆状病毒是无脊椎动物病毒，对人畜无害，其生产相当安全。当然杆状病毒表达载体系统还是存在问题，产量远低于原核系统，所需费用也高于原核系统，糖基化修饰也还不理想。

四、常用杆状病毒表达系统的构成

杆状病毒表达系统由转移载体、亲本病毒和重组介质几部分组成。转移载体经过不断发展，目前新型转移载体有体外重组表达载体、酵母-昆虫细胞穿梭质粒载体、大肠杆菌-昆虫细胞穿梭质粒载体系统和杆状病毒-果蝇 S2 系统等。

常见的大肠杆菌-昆虫细胞穿梭质粒载体系统（Bac-to-Bac 系统）包括供体质粒（donor plasmid）pFastBac、大肠杆菌 DH10Bac（包含杆粒和辅助质粒）和昆虫细胞等。供体质粒转化入大肠杆菌 DH10Bac 感受态细胞后，辅助质粒表达转座酶，帮助供体质粒和杆粒完成转座过程。转座后提取重组杆粒，转染昆虫细胞以进行蛋白质表达。基本过程如图 11-1 所示。

应用较广的昆虫细胞系主要有两种：草地夜蛾细胞系（Sf），常见 Sf21 及 Sf9 细胞；粉纹夜蛾细胞系（*Trichoplusia ni* cell line，Tn），常用商品化的 High Five™（H5）细胞。

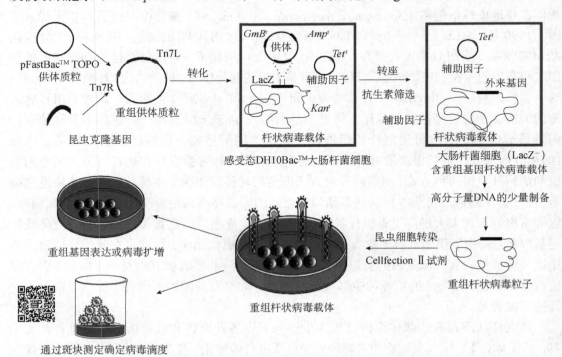

图 11-1 Bac-to-Bac®TOPO®表达系统

五、实验方案

以 Gibco™ ExpiSf™ Expression System 的使用为例，实验基本过程如下。

1）通过分子克隆将目的基因克隆到供体质粒（pFastBac™），得到重组目的基因的质粒 pFastBac1。

2）制备 *E. coli* DH10Bac™ 感受态细胞。

3）将重组目的基因的 pFastBac1 转化到 *E. coli* DH10Bac™ 感受态细胞中，通过转座将重组质粒与大肠杆菌中的 Bacmid 连接；再通过蓝白斑筛选得到重组杆粒（rBacmid），并进行 PCR 验证。

4）按照 Bac-to-Bac 昆虫/杆状病毒表达系统手册提取 rBacmid，转染 Sf9 昆虫细胞，收集病毒，以此作为原种 P_0。

5）原种感染昆虫细胞，收集病毒，得到重组杆状病毒 P_1（滴度大于 10^7PFU/mL）。

6）应用重组杆状病毒 P_0/P_1，在 ExpiSf™ Enhancer 作用下，感染昆虫细胞，表达纯化目的蛋白。对所获得的蛋白质进行生物学鉴定。

六、注意事项

1）转座和细胞培养等步骤在超净台内进行，操作过程注意防护。

2）蓝白斑筛选时，真正的白色克隆在菌落长得较大时还是呈白色，建议在黑色背景下进行挑选。

3）重组 Bacmid 大于 100kb，故在操作过程中应避免机械力剪切，破坏重组 Bacmid 的完整性。

4）将提取的 Bacmid 溶液分装，避免冻融次数过多而降低转染效率。

5）在转染过程中，注意细胞活性，避免操作时间过长造成细胞活力降低。

第三节　　腺相关病毒载体

一、腺相关病毒概述

腺相关病毒（adeno-associated virus，AAV）也称为腺伴随病毒，属于微小病毒科依赖病毒属。AAV 为无包膜的单链线状 DNA 病毒，核衣壳为直径约 26nm 的二十面体；基因组大小约为 4.7kb，基因两端是 ITR 序列，中间序列包括 *cap* 和 *rep* 基因。*cap* 基因编码病毒衣壳蛋白，*rep* 基因编码病毒复制和整合所需的蛋白质，在 AAV 病毒整合、复制和装配中发挥重要作用。腺相关病毒（AAV）通常需要腺病毒（Ad）、单纯疱疹病毒（HSV）等辅助病毒的帮助，才能进行自我复制。在无辅助病毒的情况下，AAV 可在哺乳动物细胞中长期潜伏存在。

迄今为止，至少分离和研究了 12 种天然血清型和 100 多种 AAV 突变体作为基因载体，并从这些载体中不断诱生 AAV 突变体，以优化 AAV 用于基因传递的用途。其中，AAV2 型应用最早、研究最为深入、应用最广泛。不同血清型的 AAV 因其衣壳蛋白空间结构、序列和组织特异性不同，决定了与之识别并结合的细胞表面受体的差异性，也导致其转染细胞的类型和感染效率也各不相同。

二、腺相关病毒载体概述

腺相关病毒载体是利用天然存在的腺相关病毒某些生物学特性经过基因工程改造后产生的一种可供人工转基因的载体。AAV 无辅助病毒系统（AAV helper-free system）是目前最常用的腺相关病毒载体，可以在无辅助病毒的条件下生产出重组腺相关病毒。

AAV 能感染多种细胞。AAV 载体对于骨骼肌、视网膜、肝细胞、心脏平滑肌细胞、神经元、胰岛 B 细胞、关节滑膜细胞等具有良好的感染效果，而对于淋巴细胞、造血干细胞、神经胶质细胞、成纤维细胞等感染效果较差。另外，AAV 具有安全性高、免疫原性低、表达稳定、物理性质稳定等优点。因此，AAV 常作为病毒载体广泛应用于基因工程领域。

三、腺相关病毒包装系统

现在最常用的腺相关病毒载体是 AAV 无辅助病毒系统，即不需要腺病毒辅助载体的包装系统。在 AAV 无辅助病毒系统中，生产具有感染性的 AAV 病毒颗粒所需的腺病毒基因产物（如 *E2A*、*E4* 等基因）大部分由 pHelper 质粒提供，其余的腺病毒基因产物由稳定表达腺病毒 *E1* 基因的 AAV-293 宿主细胞提供。AAV-293 细胞是 HEK293 细胞经过改良腺相关病毒生产能力而衍生出的亚克隆细胞系。在 AAV 无辅助病毒系统中，*rep* 和 *cap* 基因从病毒载体中被转移到辅助质粒 pAAV-RC 中，AAV ITR 仍位于病毒载体中。在辅助质粒的帮助下，仅需两端的 ITR 就能将携带的外源片段包装进入腺相关病毒颗粒，因此，*rep* 和 *cap* 基因转移后空出的位置是允许外源基因插入病毒基因组中的最大限度。由于不再需要活的辅助病毒，AAV 无辅助病毒系统提供一个安全、便利的基因传递系统。

四、实验方案

1. AAV-293 细胞的复苏、传代与冻存　　当细胞生长到汇合率达到 80%～90% 时需要对细胞进行传代操作，以扩大细胞数量，维持细胞良好的生长状态。当细胞传代次数过多，细胞状态变差时，或者细胞出现污染事故时，需要丢弃并对最初冻存的细胞进行复苏。

2. AAV 包装与浓缩

（1）将目的基因连接至 pAAV-MCS 载体上　　将连接产物转化至感受态细胞 *E. coli*（DH5α）中，获得含有目的基因的腺相关病毒质粒（pAAV-目的基因）。用 PEI 转染试剂将 pAAV-目的基因和辅助质粒 pHelper、pAAV-RC 稀释于无血清的 DMEM 高糖基础培养基，共转染 AAV-293 细胞。转染后 4h 换培养基为 DMEM 高糖完全培养基，继续培养 24～

48h。同时，将带有绿色荧光蛋白的 pAAV-IRES-ZsGreen1 转入 AAV-293 细胞中，作为空载体对照。在转染 24h 和 48h 后，用荧光显微镜直接观察绿色荧光蛋白的表达情况，检测转染和感染效率。待细胞转染成功后，收细胞连同培养上清液，加入 PBS，−80～37℃快速反复冻融 3 次裂解细胞，裂解液中即含有病毒颗粒，离心收集裂解液上清，准备进行AAV 浓缩。

（2）将包含病毒的上清液用 0.45μm 滤器过滤去除杂质　加入 1mol/L NaCl、10% PEG8000 溶液混合均匀，4℃过夜。离心收集并溶解沉淀，滤器过滤后分装，即浓缩的第一代 AAV。

（3）AAV 扩增和滴度测定　用鉴定合格的第一代毒种感染 AAV-293 细胞，扩增培养。待荧光显微镜观察绿色荧光蛋白表达后收集细胞，反复冻融裂解细胞，收集上清液浓缩后，分装保存于−80℃冰箱。TCID$_{50}$法联合绿色荧光蛋白表达情况检测病毒滴度，将不同浓度病毒接种至生长有 AAV-293 细胞的 96 孔细胞培养板，培养 3～5d 后观察绿色荧光蛋白表达情况，并计算病毒滴度。

五、注意事项

1）腺相关病毒生物安全等级为 2 级，对 75%乙醇敏感。病毒操作时最好使用生物安全柜。

2）病毒操作时请穿防护服，戴口罩、帽子、手套和鞋套。

3）操作病毒时特别小心不要产生气雾或飞溅。如果操作时工作台有病毒污染，请立即用 75%乙醇擦拭干净。接触过病毒的枪头、离心管、培养板、培养液等请用 84 消毒液浸泡过夜后弃去。

4）用显微镜观察细胞感染情况时应遵从以下步骤：拧紧培养瓶或盖紧培养板。用 75%乙醇清理培养瓶外壁后到显微镜处观察拍照。离开显微镜实验台之前，用 75%乙醇清理显微镜实验台。

5）如需要离心，应使用密封性好的离心管，或者用封口膜封口后离心，而且尽量使用组织培养室内的离心机。

6）包装好的病毒溶液若在短期内使用，可于 4℃保存（一周内使用完最佳）；如需长期保存请分装后放置于−80℃。反复冻融会降低病毒滴度。

第四节　逆转录病毒载体与慢病毒载体

一、逆转录病毒与慢病毒概述

逆转录病毒是逆转录病毒科的一员，该病毒呈球形，有包膜，表面有刺突，颗粒直径为 100nm 左右。逆转录病毒基因组有三个基因：*gag*，编码病毒的核心蛋白；*pol*，编码逆转录酶；*env*，编码病毒的被膜糖蛋白。逆转录病毒通常分为两种：γ-逆转录病毒[如鼠白血病病毒（MLV）]和慢病毒[如人类免疫缺陷病毒（HIV）]。这两类病毒颗粒都含有两份正义 RNA，RNA 上附有病毒逆转录酶（RT），它们位于病毒的内核。位于内核的还有结构蛋白和酶，包括核壳（NC）、衣壳（CA）、整合酶（IN）和蛋白酶（PR）。内核由一圈外周蛋白层包围，外周蛋白包括基质蛋白（MA），基质蛋白又被来源于宿主细胞细胞膜插有包膜糖蛋白的腹膜所包围。该类病毒的特征为其 RNA 基因组能逆转录为 cDNA，cDNA 又能稳定整合至宿主细胞基因组中。

逆转录病毒和慢病毒载体是各种细胞转运核酸的重要工具。除了在实验室的组织培养和动物模型生产中发挥重要作用，它们还被用于治疗遗传性疾病的临床试验中。使用慢病毒或逆转录病毒系统可以使目标细胞基因组获得稳定可遗传的特定核酸序列。利用慢病毒和逆转录病毒的这一特征理论上可以使基因构建体，如 siRNA 或蛋白质编码序列在一群细胞中永久表达。

二、γ-逆转录病毒载体概述

γ-逆转录病毒载体是利用天然存在的病毒，经过基因工程改造后产生的一种可供人工转基因的载体。莫洛尼鼠白血病逆转录病毒（Moloney murine leukemia retrovirus，MMLV）载体是被广泛使用的基因转移载体，也是第一个使用 *ex vivo* 策略治疗遗传性疾病的载体。然而 MMLV 逆转录病毒只能感染分裂的细胞，主要原因是它们无法穿过核膜，只能在细胞分裂过程中通过不完整的核膜来完成感染，实现载体基因组到宿主基因组的整合。

三、慢病毒载体概述

源自人类免疫缺陷病毒 1 型（HIV-1）的慢病毒载体已成为哺乳动物细胞中基因传递的主要工具。与 γ-逆转录病毒载体不同，慢病毒载体可以在分裂和非分裂细胞中实现有效转导和稳定表达。随着研究的深入，研究人员也开发了许多其他类型的慢病毒载体系统，主要包括猿类免疫缺陷病毒（simian immunodeficiency virus，SIV）载体系统、猫免疫缺陷病毒（felines immunodeficiency virus，FIV）载体系统、马传染性贫血病毒（equine infectious anemia virus，EIAV）载体体系、山羊类关节炎-脑炎病毒（caprine arthritis-encephalitis virus，CAEV）载体系统等。显然，来源于不同物种的载体系统可能会更有效地在相应物种细胞进行基因转染实验，而是否可以在不同物种类型细胞中交叉使用慢病毒载体，特别是是否可以将其他物种的慢病毒体系用于人类，还需要进一步研究和评估。

四、逆转录病毒和慢病毒包装系统

逆转录病毒和慢病毒都含有两份线性、不分节段的单链 RNA，包含 *gag*、*pol* 和 *env* 基因。*gag* 编码一种多聚蛋白，翻译自一条无剪切拼接的 mRNA，其被病毒蛋白酶（PR）切割成 MA、CA 和 NC 蛋白。*env* 基因也编码一种多聚蛋白前体，前体被细胞内的蛋白酶切割成表面包膜糖蛋白（SU）gp120 和跨膜（TM）糖蛋白 gp41。其中，gp120 与细胞表面受体和辅助受体相互作用，gp41 在病毒膜上与 gp120 形成 gp120/gp41 复合体，在病毒进入宿主细胞时催化膜融合。由于 *gag* mRNA 翻译时发生核糖体移码，*pol* 表达的是 Gag-Pol 多聚蛋白，编码 RT、PR 和 IN 三种酶。这三种蛋白质附着在病毒粒子的基因组上。RT 蛋白拥有如下三种活性：①RNA 依赖的 DNA 聚合酶活性，负责将两条 RNA 转录成一个 cDNA；②核糖核酸酶 H 活性；③DNA 依赖的 DNA 聚合酶活性。PR 用于切割 Gag 和 Gag-Pol 多聚蛋白，导致病毒粒子的成熟和产生具有感染能力的病毒粒子。IN 负责将病毒的 cDNA 整合至宿主细胞基因组中。

MMLV 型逆转录病毒载体和 HIV-1 型慢病毒载体系统的建立，经历了一个逐步完善的过程。为了使这些载体更安全，通过一系列修饰将 HIV 载体进化为把包装和生产所需的病毒序列与编码病毒蛋白的序列分开的形式。目前常用的方法是将载体组分成三个质粒以增加安全性：包装质粒、编码病毒糖蛋白的 Env 质粒（包膜质粒）和转移质粒（transfer vector）。重组病毒的生产需要在一个包装细胞中（常用 HEK293T 细胞），从单独的包装质粒中反式表达病毒 Gag-Pol 和 Env 蛋白，包装转移载体，生产出重组逆转录病毒（图 11-2）。HIV 载体系统使用非常广泛，以下的内容将主要以 HIV-1 为例对重组慢病毒包装的实验方案进行介绍。

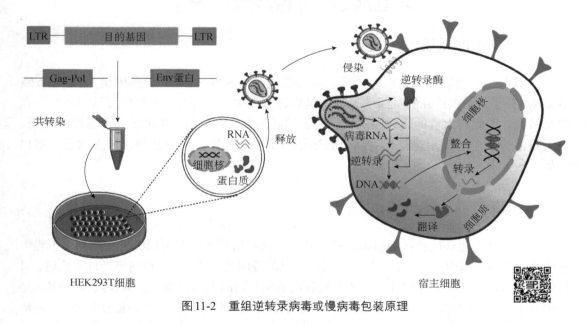

图 11-2　重组逆转录病毒或慢病毒包装原理

五、实验方案

1. HEK293T 细胞的复苏、传代与冻存　　当细胞生长到汇合率达到 80%～90%时需要对细胞进行传代操作，以扩大细胞数量，维持细胞良好的生长状态。当细胞传代次数过多，细胞状态变差时，或者细胞出现污染事故时，需要丢弃并对最初冻存的细胞进行复苏。

2. 重组病毒包装　　将连接产物转化至感受态细胞 *E. coli*（DH5α）中，获得含有目的基因的 pLVX-IRES-zsGreen1 质粒（pLVX-IRES-zsGreen1-目的基因）。用 PEI 转染试剂将 pLVX-IRES-zsGreen1-目的基因和辅助质粒 psPAX2（表达 HIV-1 Gag-Pol）、pMD2G（表达 VSV-G 蛋白）稀释于无血清的 DMEM 高糖基础培养基，共转染 HEK293T 细胞。转染后 4h 换培养基为 DMEM 高糖完全培养基，继续培养 24～48h。同时，将带有绿色荧光蛋白的 pLVX-IRES-ZsGreen1 转入 HEK293T 细胞中，作为空载体对照。在转染 24h 和 48h 后，用荧光显微镜直接观察绿色荧光蛋白的表达情况，检测转染和感染效率。待细胞转染成功后，收细胞上清液，离心后分装，−80℃保存。

六、注意事项

重组逆转录病毒或慢病毒生物安全等级为 2 级，对 75%乙醇敏感。病毒操作时应使用生物安全柜。

其他注意事项请参见本章第三节中的描述，此处不再赘述。

第五节　痘病毒载体

一、痘病毒概述

痘病毒属于痘病毒科正痘病毒属。病毒的直径为 300～400nm，基因组为近 20kb 双链 DNA 分子。在表达外源基因的各种重组病毒载体中，痘病毒可容纳外源基因的长度和数量最大，因此有大量的研究将痘病毒用于发展高效、安全而且价廉的新型重组活疫苗。痘病毒的另一个重要用途是作为高效表达外源基因的载体，用于获得真核表达重组蛋白产品。

二、痘病毒载体概述

痘病毒含有能够被真核细胞识别的启动子，这些启动子不但可以引发动物基因工程中常用的一些标记基因的表达，而且能够引发克隆的外源基因的表达。痘病毒经过改建后，可以发展成为表达外源基因的分子载体。痘病毒早期基因的表达产物中，胸苷激酶（TK）是一种易于鉴定的标记，胸苷激酶编码基因位于痘病毒基因组 DNA 的 HindⅢ 2J 片段上。痘病毒正常功能的表达并不需要这个片段，当其被外源 DNA 取代之后，不会影响病毒基因组的复制。

改良型痘病毒安卡拉株（modified vaccinia virus Ankara，MVA）是人类在寻求痘病毒作为天花疫苗的过程中获得的高度减毒的痘病毒毒株。MVA 来源于一个土耳其的痘病毒毒株（chorioallantois vaccinia virus Ankara，CVA），CVA 在鸡成纤维细胞中传代 570 代后得到 MVA。对 MVA 全基因序列测序后发现，MVA 基因组全长 178kb，与 CVA 相比 MVA 在传代的过程中丢失了大约 15%（30kb）的病毒基因，这些基因大多与病毒的毒力和宿主选择范围密切相关。MVA 在允许细胞（permissive cell），如 BHK-21、CEF 等细胞内，可以完成完整的生活周期。而在非允许细胞（non-permissive cell），如大部分哺乳动物和人类细胞内，MVA 病毒的早期和晚期蛋白都进行了表达，但是病毒不能包装成完整的粒子。MVA 作为活载体疫苗的载体具有以下几点优势：①MVA 在传代过程中丢失了 6 个主要的基因，在这 6 个删除基因的部位可以用来插入外源基因，并且在外源基因插入后并不影响病毒本身的感染能力和表达能力。②免疫原性高。外源蛋白基因在被病毒载体递送到体内后，基因被忠实表达，并且能够进行正确的转录、翻译和翻译后的加工与修饰。表达的蛋白质具有天然的构象与生物活性。与蛋白质疫苗相比，能够诱导机体产生强而持久的体液免疫和细胞免疫应答。③MVA 作为天花疫苗，在 20 世纪 70 年代消灭天花的战役中，成功地用于预防天花。并且已经对超过 120 000 人进行了免疫，这些接受 MVA 接种的人群只有小部分人有轻度的与之相关的副反应发生（如红肿、发热和流感样症状）。MVA 已经在动物模型和人体试验中得到了很好的安全性评价，没有引发任何的由于接种引起的严重的临床疾病。总的来说，MVA 稳定性好、安全性高，并且能表达大的外源蛋白。MVA 可以模仿病毒感染，产生适当的危险信号，并且诱导强而持久的细胞免疫应答。这种复制缺陷的病毒提供了灭活疫苗的特性但是却有活疫苗的免疫原性，使之成为活载体疫苗的重要候选病毒。

三、痘病毒包装系统

痘病毒在感染细胞的细胞质内增殖，这在 DNA 病毒是独有的。痘病毒基因组 DNA 不能借助宿主细胞内的相关聚合酶转录病毒基因组，因此仅仅将病毒载体 DNA 转染细胞不能产生子代病毒。因此，生产重组 MVA 病毒通常需要将携带目的基因（或者 DNA 片段）的穿梭质粒转染到 MVA 感染的细胞中，利用同源重组原理将目的片段整合到病毒基因组中，然后通过后续筛选获得重组病毒。

穿梭质粒一般包括目的基因片段及标记基因，两端分别携带病毒基因组同源臂。重组病毒通常可通过荧光蛋白标记鉴定并筛选获得。病毒基因组中有多个插入位点可以选择，如胸苷激酶基因（TK）、主要基因组缺失区域（major genomic deletions）及 F11 位点等。穿梭质粒中位于目的片段及标记基因两侧的同源臂通常是插入位点附近 500～1000bp 的病毒基因组序列。

四、实验方案

利用抗生素或者荧光蛋白均可实现对重组病毒的筛选。本方法以制备表达重组抗原及荧光蛋白标记基因为例，简述生产过程（图 11-3）。

1. BHK-21 细胞的复苏、传代与冻存　当细胞生长到汇合率达到 80%～90% 时需要对细胞进行传代操作，以扩大细胞数量，维持细胞良好的生长状态。当细胞传代次数过多，细胞状态变差，或者细胞出现污染事故时，需要丢弃并对最初冻存的细胞进行复苏。

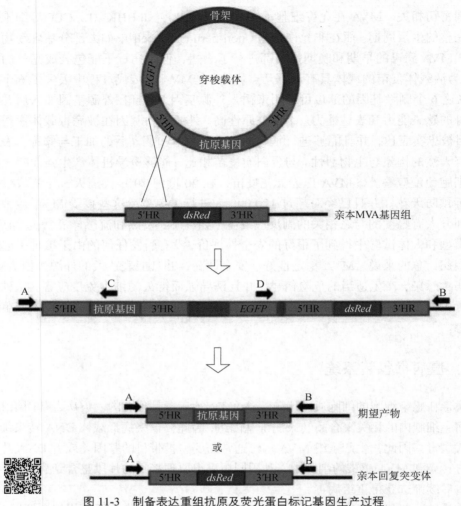

图 11-3　制备表达重组抗原及荧光蛋白标记基因生产过程

2. 重组 MVA 的生产

1）铺 BHK-21 细胞到 6 孔细胞培养板中，确保第二天进行 DNA 转染时，细胞生长到汇合率达到 80%。

2）第二天，用野生型 MVA 感染 BHK-21 细胞，MOI 在 0.5～2.5。将感染细胞置于培养箱内继续培养 90min。

3）感染大约 75min 后，按照转染试剂要求，将穿梭质粒（1～2μg）与转染试剂混合，加入到 MVA 感染的 BHK-21 细胞中，将细胞置于细胞培养箱内继续培养 48h。

4）转染 24h 之后，可利用荧光显微镜观察 EGFP/dsRed 阳性细胞情况。

5）48h 后，将细胞和上清液收集置于−80℃保存。

3. 分离重组病毒（FACS 法）　可通过单细胞分选（FACS）法将感染的单细胞根据荧光特性分选到 96 孔细胞培养板中。该方法比传统的空斑纯化方法更加便捷且节省时间。

1）将上一步收集的细胞和培养液反复冻融三次，取 10μL 至 15mL 培养基中混匀。

2）将准备好的生长在 T-75 培养瓶的 BHK-21 细胞培养液丢弃，加入 15mL 上述培养液，在培养箱中继续培养 3d。随时观察 EGFP/dsRed 阳性细胞情况。

3）3d 后将上述细胞消化，清洗，使用流式细胞仪将 EGFP/dsRed 双阳细胞分选到 96 孔细胞培养板中。然后每个孔添加 50 000 个细胞。将细胞培养板置于培养箱中继续培养，直到观察到重组病毒扩增。

4）将重组病毒感染的所在孔的所有细胞收集，反复冻融三次，离心收集上清液，取 10μL 用于 PCR 鉴定，其余置于−20℃或−80℃待用。

4. 空斑纯化及病毒扩增

1）准备一个 6 孔细胞培养板，保证每个孔细胞中使用时达到 90% 的汇合率。

2）制备 1∶100 稀释的 FACS 法获得的细胞裂解液（每孔 1mL），混匀后感染 BHK-21 细胞，置细胞培养箱中继续培养 1～2h。

3）将细胞培养液移除，然后再将含有 CMC 的培养液加入到细胞中继续培养 2～4d。

4）利用荧光显微镜观察病毒空斑形成及空斑的荧光蛋白表达。在目的空斑处做好标记。然后利用 P10 枪头将目的空斑转移到事先准备好的 100μL 10mmol/L Tris-HCl 缓冲液的 EP 管中。使用显微镜进一步确认目的空斑被移除。

5）将含有目的空斑的缓冲液反复冻融三次，取部分液体进行 PCR 实验，进一步确认重组病毒的序列。

6）确认正确的重组 MVA 病毒感染 BHK-21 细胞进行大批量扩增。

五、注意事项

痘病毒生物安全等级为 2 级，对 75% 乙醇敏感。病毒操作时最好使用生物安全柜。其他注意事项请参见本章第三节中的描述，此处不再赘述。

第六节　RNA 病毒反向遗传学技术

一、RNA 病毒反向遗传学概述

携带有 RNA 基因组的病毒组成了我们当前最严重的人类病原体。例如，甲型流感病毒、脊髓灰质炎病毒、轮状病毒、登革热病毒、丙型肝炎病毒、西尼罗河热病毒、黄热病病毒和麻疹病毒都是 RNA 病毒，并且每年导致数百万人类死亡。仅仅是轮状病毒，每年就会导致 35 万～60 万的婴儿因腹泻死亡。RNA 病毒的特征之一，就是负责它们自身复制的聚合酶非常不准，因为这些酶没有矫正能力。复制精度很低意味着在抗病毒药物的筛选压力下，很容易进化出具有抗药性的病毒。此外，通过病毒突变、基因组重排或者宿主交换而感染人群的新病毒也多是 RNA 病毒。因此对分析这些病毒并开发相应的疫苗和抗病毒药有很高的需求。

RNA 病毒含有几种不同类型的 RNA 基因组。一些含有非分割的基因组，或者基因组能被分离进不同个数的片段中。例如，对沙粒病毒而言，是 2 个；对布尼亚病毒而言，是 3 个；而对流感病毒和呼肠孤病毒则分别是 7～8 个和 10～12 个。此外，RNA 病毒按组成可以分成正义 RNA、负义 RNA 和双义 RNA；也可以分成单链 RNA 和双链 RNA。正义 RNA 能直接翻译成蛋白质，而负义 RNA 得先经过病毒蛋白转录成正义 RNA 然后才能翻译。负义 RNA 病毒复制的大致过程是：首先病毒通过其表面糖蛋白与宿主细胞的特异性受体结合，接着病毒囊膜与细胞质膜（不依赖于 pH 的途径）或有酸性环境的核内体膜（pH 依赖途径）融合后释放病毒核糖核蛋白复合体（RNP）至细胞质，在转录过程中每一 mRNA 得以合成，而通过复制产生全长负义基因组 RNA，使其作为病毒基因组 RNA 的模板。很多负义 RNA 病毒在感染细胞的细胞质中复制，而一些正黏病毒和布尼亚病毒在细胞核中复制。新合成的 RNP 复合体与病毒结构蛋白在细胞膜或高尔基体膜组装，然后释放新合成的子代病毒。双义 RNA 所包含的基因在同一个基因组或基因组片段内能够按照两个方向转录。

在经典的遗传学里，生物体内某个特定的基因都是由对该生物体表型的观察推理得出的。而反向遗传学这个术语所界定的信息流向与传统的相反，它是先直接改变基因，然后再观察相关的表型。在病毒学领域里，反向遗传学是指直接诱导 cDNA 的改变产生感染的 RNA 病毒或者类病毒颗粒，以此来研究特定基因或者蛋白质的功能。反向遗传也指从病毒基因组的一个 DNA 拷贝形成新病毒的能力。Neumann 和 Kawaoka 在 2004 年定义病毒学领域的"反向遗传"为"完全由 cDNA 产生病毒"。反向遗传操作技术通过构建 RNA 病毒的感染性分子克隆，将病毒基因组 RNA 逆转录成 cDNA，在 DNA 分子水平上对其进行体外人工操作，由病毒基因组 cDNA 和各种辅助蛋白来组装新的 RNA 病毒的一项技术。由于最终组装的 RNA 病毒来源于 cDNA 克隆，因此可通过中间过程中人为加入 DNA 的环节，在 DNA 水平上对 RNA 病毒基因组进行各种体外人工操作，如进行基因突变、基因敲除（缺失）、基因插入、基因置换和基因互补（构建嵌合病毒）等改造，以此来研究 RNA 病毒的基因复制和表达调控机制、RNA 编辑和自发重组与诱导重组、病毒与宿主间的相互作用关系（如插入报告基因来研究病毒在宿主细胞间的传递机制）、抗病毒策略、基因治疗研究及构建新型病毒载体表达外源基因和进行疫苗的研制等。反向遗传是一个难以置信的强力工具，可以用来产生修饰的病毒，制造疫苗和载体，也可以分析病毒的基因和非编码序列，帮助人们理解病毒基因功能和病毒与宿主互作。许多对人类和动物严重致病的病原都是 RNA 病毒，因此反向遗传也是一个极其有力的技术，在预防和控制一系列人类和动物病毒学疾病方面有着巨大的应用潜力。

二、RNA 病毒反向遗传系统的构建原则

目前，对不同的 RNA 病毒反向遗传系统的构建没有固定的程序，但有基本的构建原则。

一般来说，对长度较小（15kb 以下）的正义 RNA 病毒，可以先通过 RT-qPCR 扩增出病毒 cDNA，再拼接成全长，然后体外转录获得 cRNA，直接转染 cRNA 进入细胞或易感动物组装出活病毒。

对于负义 RNA 病毒、基因组长度较大的正义 RNA 病毒如冠状病毒，一般遵循以下三步流程：第一，获得一些在体外细胞培养系统中自然产生的亚基因组 RNA（sgRNA）成分，分析与病毒合成有关的位于病毒基因组上的顺式作用元件。对负义 RNA 病毒来说，还需要得到负责病毒复制的必要反式作用蛋白基因。第二，保留病毒基因组上的顺式作用元件和调控区[一般为病毒基因组两端的非编码区（NCR）]，而病毒基因组的部分基因编码区则由报告基因代替，构建人工的 sgRNA，在外源性表达体系驱动下转染细胞，通过检测报告基因的表达而优化条件。这一步的目的是检验病毒 z 组装的可行性。第三，用病毒全长基因组 cDNA（构建感染性克隆），按第二步建立的实验条件实现完整病毒的组装。

三、寨卡病毒反向遗传系统

以寨卡病毒（ZIKV）为例，阐述基于细菌人工染色体（BAC）的表达体系在 RNA 病毒反向遗传学系统构建中的应用。寨卡病毒感染与全球疫情期间的神经并发症有关，并且缺乏经批准的疫苗和/或抗病毒药物。然而，与其他黄病毒一样，ZIKV 全长传染性 cDNA 克隆的产生由于病毒序列在细菌扩增过程中的毒性而受阻。为了解决这个问题，本实验描述了一种基于 BAC 的非传统方法。使用这种方法，ZIKV 菌株的全长 cDNA 拷贝由 4 个合成 DNA 片段生成，并克隆到人类巨细胞病毒（CMV）驱动的单拷贝 pBeloBAC11 质粒上。组装的 BAC cDNA 克隆在细菌繁殖过程中稳定，在 BAC cDNA 克隆转染后在 Vero 细胞中恢复传染性重组 ZIKV（rZIKV）。此方法也适用于其他正义 RNA 病毒（尤其是具有大型基因组且在细菌中存在不稳定现象的病毒）。

四、实验方案

1. 在 BAC 中构建 ZIKV 传染性 cDNA 克隆

1）为构建 ZIKV-RGN 的感染性克隆，需首先筛选病毒基因组中独有且 pBeloBAC11 质粒中不存在的限制性酶切位点（选择 Pml I、Afe I 和 BstB I，分别位于基因组 3347、5969 和 9127 位点），通过化学合成或 PCR 扩增生成 4 个覆盖全基因组的 cDNA 片段（Z1~Z4）。其中，Z1 片段作为主干载体，需在 5'端引入人类 CMV 启动子，两端分别添加 ApaL I（用于克隆至 pBeloBAC11）和 Asc I（病毒基因组中无此位点），其 3'端依次包含用于组装感染性克隆的限制位点（Pml I、Afe I、BstB I）、Mlu I（病毒基因组中无此位点）及 BamH I（用于 pBeloBAC11 克隆）；Z4 片段则需涵盖从 BstB I 至基因组末端的区域，下游依次连接 HDV 核酶序列（RZ）、BGH 终止子、多腺苷酸化信号及 Mlu I 位点。其余片段（Z2~Z3）按基因组顺序通过选定限制位点（Pml I/Afe I/BstB I）插入 Z1 骨架。若需优化片段获取，可采用标准 RT-PCR 结合重叠 PCR 技术扩增 Z1~Z4，并设计特异性引物确保片段末端包含上述酶切位点及调控元件，最终通过多步克隆完成全长基因组的组装。

2）通过将片段 Z1~Z4 顺序克隆到 pBeloBAC11，将传染性 cDNA 克隆组装在一起。消化 pBeloBAC11 质粒和 Z1 片段，目的片段分别回收后，再进行连接反应。

3）取上述步骤的连接产物，使用电穿孔（25μF 电容、2.5kV 和 100Ω 电阻）对大肠杆菌 DH10B 进行转化。将大肠杆菌 DH10B 转移到含有 1mL SOC 培养基[2%胰蛋白胨，0.5% 酵母提取物，0.05% NaCl，2.5mmol/L KCl，10mmol/L MgCl$_2$，10mmol/L MgSO$_4$，20mmol/L 葡萄糖（pH 7.0）]的聚丙烯管中，在 37℃，200～250r/min 条件下孵育 1h 后涂布在含有 12.5μg/mL 氯霉素的 LB 固体培养基平板上，并在 37℃孵育 16h。挑选 8～12 个细菌菌落在含有 12.5μg/mL 氯霉素的 LB 固体培养基平板上复制，PCR 分析是否含有正确的插入片段。从复制板中挑选一个正确克隆菌，将其生长在含有 12.5μg/mL 的 12.5μg/mL 的 LB 中，并分离 BAC cDNA。从包含所选限制位点的质粒 pBAC-Z1（*Pml* I、*Afe* I、*Bst*B I 和 *Mlu* I）开始，依次克隆 Z2～Z4 片段，以生成全长传染性 cDNA 克隆 pBAC-ZIKV。

2. 制备高纯度 pBAC-ZIKV 制备重组 ZIKV

1）在 5mL LB 培养基（12.5μg /mL 的氯霉素）接入携带 pBAC-ZIKV 感染性克隆的 DH10B，在 37℃下培养 8h，轻轻摇动（200～250r/min）。

2）在 2L 烧瓶中加入 1mL 上述细菌培养物至 500mL（12.5μg/mL 氯霉素），并在 37℃下培养 14～16h（直到 OD$_{600}$ 为 0.6～0.8）。

3）利用商业试剂盒，根据试剂盒说明纯化 BAC 传染性 cDNA 克隆。将纯化的 BAC cDNA 保持在 4℃。根据 BAC 大小，可以获得 30μg 的超纯 BAC cDNA 克隆。

3. 通过转染 Vero 细胞从 BAC cDNA 克隆中制备传染性 rZIKV

1）转染前一天，将 Vero 细胞铺到细胞培养板中（5% FBS DMEM 培养基，添加 2mmol/L L-谷氨酰胺和 1%非必需氨基酸），确保细胞在转染时约为 90%的汇合率。

2）使用相应的转染试剂，根据试剂使用说明，将 4μg BAC cDNA 转染 Vero 细胞。在 37℃ 5% CO$_2$ 细胞培养箱中孵育细胞，并每天检查 CPE。

3）转染 4～6d 后，当 CPE 为 50%～75%时，在 15mL 锥形管中收集组织培养上清液，并在 2000×g 下离心 10min，在 4℃下清除细胞碎片。将上清液放在冷冻管中，并将其储存在 −80℃备用。

五、注意事项

寨卡病毒生物安全等级为 2 级，对 75%乙醇敏感。病毒操作时最好使用生物安全柜。其他注意事项请参考本章第三节中的描述，此处不再赘述。

本章思考题

1. 选择工程病毒载体时，需要考虑哪些因素？例如，宿主范围、免疫原性、基因转移效率等，这些因素如何影响载体的设计？

2. 不同类型的工程病毒载体（如腺病毒载体、腺相关病毒载体等）各有何独特的优势和局限性？这些载体在基因治疗和疫苗研发中的具体应用有哪些？

3. 从安全性角度出发，讨论复制缺陷型腺病毒载体相比于复制型载体有何优势。在实际应用中如何平衡载体的安全性与有效性？

4. 靶向性重组腺病毒载体是如何设计的？这种设计如何改善病毒载体在基因治疗中的效果？请给出具体的例子。

5. 什么是 AdEasy 系统？这种系统是如何帮助科学家们构建和包装重组腺病毒载体的？它与传统的包装方法有何区别？

主要参考文献

Albright B H，Simon K E，Pillai M，et al. 2019. Modulation of sialic acid dependence influences the central nervous system transduction profile of adeno-associated viruses. J Virol，93（11）：e00332-19.

Alharbi N K. 2019. Poxviral promoters for improving the immunogenicity of MVA delivered vaccines. Hum Vaccin Immunother，15（1）：203-209.

Liu C，Liu Y，Cheng Y，et al. 2021. The ESCRT-I subunit Tsg101 plays novel dual roles in entry and replication of classical swine fever virus. J Virol，95（6）：e01928-20.

Mastrangelo M J, Lattime E C. 2002. Virotherapy clinical trials for regional disease：*in situ* immune modulation using recombinant poxvirus vectors. Cancer Gene Ther，9（12）：1013-1021.

Pavot V，Sebastian S，Turner A V，et al. 2017. Generation and production of modified vaccinia virus Ankara（MVA）as a vaccine vector. Methods Mol Biol，1581：97-119.

Peersen O B. 2017. Picornaviral polymerase structure，function，and fidelity modulation. Virus Res，234：4-20.

Samulski R J，Muzyczka N. 2014. AAV-mediated gene Therapy for research and therapeutic purposes. Annu Rev Virol，1（1）：427-451.

Tapparel C，Siegrist F，Petty T J，et al. 2013. Picornavirus and enterovirus diversity with associated human diseases. Infect Genet Evol，14：282-293.

TenOever B R. 2016. The evolution of antiviral defense systems. Cell Host Microbe，19（2）：142-149.

Tsetsarkin K A，Chen R，Sherman M B，et al. 2011. Chikungunya virus：evolution and genetic determinants of emergence. Curr Opin Virol，1（4）：310-317.

Whelan S P J，Barr J N，Wertz G W. 2004. Transcription and replication of nonsegmented negative-strand RNA viruses. Curr Top Microbiol Immunol，283：61-119.

Xie L，Li Y. 2022. Advances in vaccinia virus-based vaccine vectors，with applications in flavivirus vaccine development. Vaccine，40（49）：7022-7031.

第十二章　病毒抗原制备

本章要点

1. 学习并理解病毒抗原的分类及其在疫苗及诊断试剂中的应用，能够掌握不同类型抗原的特点和功能，为开发高效免疫工具奠定理论基础。
2. 熟练掌握抗原制备方法，包括病毒培养、纯化及鉴定等多步骤抗原制备流程，为未来病毒学研究提供可靠的技术支持。

　　病毒是由核酸（DNA 或 RNA）和蛋白质外壳组成的小型感染性病原体。它们无法独立繁殖，需要寄生在宿主细胞内。病毒进入宿主细胞后，利用宿主的细胞机制复制其基因组并生成新的病毒颗粒。根据核酸类型，病毒可分为 DNA 病毒和 RNA 病毒，如疱疹病毒和冠状病毒分别是这两类的典型代表。抗原是指能引发宿主免疫应答的物质，通常为蛋白质或多肽。病毒抗原包括病毒表面蛋白、结构蛋白和非结构蛋白。这些抗原能够被宿主免疫系统识别，刺激抗体产生或细胞介导的免疫反应。因此，病毒抗原是疫苗研发和免疫诊断的关键成分。

　　病毒抗原的制备是病毒学研究和应用的基础。高质量的病毒抗原不仅能提高疫苗和诊断试剂的效力，还能为病毒感染机制研究提供可靠的材料。成功的病毒抗原制备涉及病毒培养、纯化和鉴定的多步骤过程，每一步都需要精确控制和优化，以确保抗原的纯度和活性。本章将对常见病毒抗原的制备方法进行介绍。

第一节　病毒抗原概述

一、病毒抗原及其应用

　　抗原是指能刺激机体产生特异性免疫反应，并与免疫反应产物如抗体和致敏淋巴细胞相结合，引发免疫效应的物质。病毒抗原存在于病毒颗粒及病毒感染的细胞上，既包括由病毒感染细胞产生的可溶性分子，也包括病毒颗粒及其分解产物。根据其在病毒生命周期中的作用和在病毒颗粒中的位置，病毒抗原可分为两大类：结构蛋白和非结构蛋白。结构蛋白是病毒颗粒的组成部分，如衣壳蛋白和包膜蛋白，它们直接参与病毒的装配和传播过程。例如，流感病毒的血凝素（HA）和神经氨酸酶（NA）是两种重要的表面抗原，能够诱导强烈的免疫反应。非结构蛋白则主要参与病毒的复制和调控过程，如依赖 RNA 的 RNA 聚合酶，尽管它们不构成病毒颗粒的成分，但在病毒的生命过程中发挥着至关重要的作用。

病毒抗原在现代医学和生物技术中具有广泛的应用。首先，病毒抗原是疫苗开发的核心成分。通过引入特定的病毒抗原，可以诱导宿主产生特异性免疫反应，从而在未来感染病毒时提供保护。例如，乙型肝炎疫苗中使用的表面抗原（HBsAg）已成功降低了全球范围内的乙型肝炎感染率。其次，病毒抗原在疾病诊断中扮演着重要角色。基于抗原抗体反应原理的酶联免疫吸附分析（ELISA）和快速诊断试剂盒广泛应用于 HIV、HBV 和 SARS-CoV-2 等病毒感染的检测。此外，病毒抗原也是基础研究的重要工具，通过研究抗原与抗体的相互作用，可以揭示病毒感染机制和宿主免疫应答的细节，为新型疫苗和抗病毒药物的开发提供理论依据。

二、病毒抗原的制备历史

人工制备病毒抗原的历史可以追溯到 19 世纪末和 20 世纪初，当时科学家开始探索利用病毒来开发疫苗以预防传染病。最早的疫苗制备方法包括使用活病毒和灭活病毒。例如，1885 年，路易·巴斯德（Louis Pasteur）开发了基于弱化的病毒株制备的狂犬病疫苗。随后，在 20 世纪初，科学家开发了灭活病毒疫苗，例如，乔纳斯·索尔克（Jonas Salk）于 1955 年推出的脊髓灰质炎灭活疫苗。

随着生物化学和分子生物学技术的发展，科学家开始能够从病毒颗粒中分离和纯化特定的抗原蛋白。20 世纪 50 年代，超速离心技术和层析技术的发展，使得病毒蛋白的分离和纯化成为可能。20 世纪 50 年代末和 60 年代初，研究人员成功分离了流感病毒的血凝素（HA）和神经氨酸酶（NA），这些抗原成为流感疫苗的核心成分。

20 世纪 70 年代，重组 DNA 技术的出现标志着病毒抗原制备的一个重大突破。通过基因克隆和表达技术，科学家可以在细菌、酵母或哺乳动物细胞中表达病毒蛋白，从而获得大量的纯化抗原。1976 年，赫伯特·伯耶（Herbert Boyer）和斯坦利·科恩（Stanley Cohen）成功地将基因插入大肠杆菌中进行表达，这一技术奠定了基因工程疫苗的基础。1986 年，世界上第一个重组疫苗——乙型肝炎疫苗（HBsAg）在美国获批上市，该疫苗通过在酵母细胞中表达乙型肝炎病毒的表面抗原制备而成。

进入 20 世纪 90 年代，基因工程和蛋白质工程技术进一步发展，科学家能够设计和优化病毒抗原以提高其免疫原性和稳定性。例如，通过基因工程技术，可以将多种抗原基因整合到一个载体中，表达融合蛋白，从而增强免疫反应。重组亚单位疫苗和病毒样颗粒（VLP）疫苗的开发就是这一时期的重要成果。HPV 疫苗（如 Gardasil 和 Cervarix）是基于 VLP 技术的成功案例，这些疫苗通过在细菌或昆虫细胞中表达 HPV 的主要衣壳蛋白 L1，并自组装成类似病毒颗粒的结构，诱导强烈的免疫反应。

21世纪，随着高通量测序、合成生物学和纳米技术的发展，病毒抗原制备进入了一个多样化和精细化的阶段。高通量测序技术使得快速鉴定新兴病毒和变异株的抗原成为可能。例如，在新冠疫情期间，科学家迅速测序了 SARS-CoV-2 病毒并识别了其刺突蛋白（S蛋白）作为关键抗原。基于这种快速鉴定，mRNA 疫苗（如辉瑞-BioNTech 和 Moderna 疫苗）在短时间内开发并获批，这些疫苗利用脂质纳米颗粒递送 mRNA，指导人体细胞表达 S 蛋白，诱导免疫应答。

总体而言，病毒抗原制备的历史反映了生物技术的不断进步和科学研究的持续创新。从早期的病毒灭活和分离技术，到重组 DNA 和基因工程技术的突破，再到现代合成生物学和纳米技术的应用，病毒抗原制备技术不断发展，为疫苗和诊断试剂的开发提供了坚实的基础。

第二节　病毒抗原制备技术

病毒抗原制备主要通过不同体外表达系统进行表达，然后采用合适的纯化方法对表达的病毒抗原进行纯化。不同的体外表达系统用于生产病毒抗原，这些系统包括但不限于以下几种：大肠杆菌表达系统、酵母表达系统、昆虫细胞表达系统和哺乳动物细胞表达系统。一旦病毒抗原通过表达系统生产出来，需要进行纯化以获得高纯度的抗原。这些纯化方法包括但不限于以下几种：离心法、层析技术及超滤透析。我们首先介绍常见的病毒抗原表达系统。

一、病毒抗原表达系统

1. 利用原核表达系统表达病毒抗原　　以大肠杆菌蛋白质表达系统为代表的原核表达系统是目前应用最广泛的蛋白质表达系统。原核表达系统具有遗传背景清楚、表达量高、稳定性好和技术发展比较完善等特点，适用于多种属蛋白质的表达，但仍然存在一些问题，如易形成包涵体、含有内毒素、目的蛋白无法表达等。原核表达的基本方法如下。

1）将抗原目的基因克隆于原核表达载体。

2）将含有目的基因的重组载体转化原核表达菌株，如大肠杆菌 BL21（DE3）。

3）挑取单克隆于 3mL LB 培养基，置 37℃振摇过夜。

4）过夜菌按 1:100 比例接种至 3ml LB 培养基中，置 37℃，240r/min 振摇 2.5h。

5）分别加入终浓度为 0.1mmol/L、0.4mmol/L、0.7mmol/L IPTG，置 37℃进行诱导表达 4h，同时做未诱导对照。

6）诱导表达的菌液，于 4℃，8000r/min 离心 5min，收集菌体。

7）加 1mL PBS，于 4℃，8000r/min 离心 5min，洗涤菌体一次。

8）细菌沉淀用 150μL PBS 重悬，进行超声裂解，条件：工作时间 5s，间歇时间 5s，功率 500W，共超声 20 次。

9）超声裂解液置 4℃，14 000r/min 离心 15min。

10）取 40μL 上清液，加上样缓冲液，置 100℃煮沸 5min。离心沉淀加入 150μL PBS，再次进行超声裂解，吸取上清液 40μL，加上样缓冲液，置 100℃煮沸 5min。。

11）取 5μL 蛋白质样品进行 SDS-PAGE 凝胶电泳，鉴定蛋白质表达情况。

2. 利用昆虫细胞表达系统表达病毒抗原　　杆状病毒-昆虫细胞表达系统具有翻译后修饰、易操作、高表达水平和可容纳较大外源基因等优势，是应用较广泛的真核表达系统之一。其具有的糖基化、乙酰化、磷酸化等蛋白质翻译加工修饰类似于哺乳动物细胞，可高效表达在结构和功能上更接近天然状态的病毒蛋白。昆虫表达系统的基本方法如下。

1）将抗原目的基因克隆于杆状病毒表达载体。

2）重组杆状病毒表达载体进行转座反应，转座于 DH10Bac 感受态细胞，涂布于 Luria Agar 选择性培养基（卡那霉素 50μg/mL，庆大霉素 7μg/mL，四环素 10μg/mL，X-gal 200μg/mL，ITPG 40μg/mL），置 37℃孵箱培养 48～72h。

3）挑取白色菌落于 5mL LB 培养基（卡那霉素 50μg/mL，庆大霉素 7μg/mL，四环素 10μg/mL），置 37℃振摇过夜，提取 Bacmid DNA，操作方法按照厂商提供的操作说明书进行。

4）重组 Bacmid DNA 利用 M13 引物进行 PCR 鉴定。

M13 引物序列：

M13F: 5'-GTTTTCCCAGTCACGAC-3'。

M13R: 5'-CAGGAAACAGTCATGAC-3'。

PCR 反应条件：

94℃，3min。

94℃，45s，55℃，45s，72℃，5min（根据片段大小调整延伸时间），共 30 个循环。

72℃延伸 10min。

琼脂糖凝胶电泳分析：将 PCR 产物进行 0.7%琼脂糖凝胶电泳分析，通过产物大小来判断目的片段是否成功转座（未发生转座的片段大小为 300bp，而转座成功的样品则会显示出 2300bp 加上目的片段大小的条带）。

5）重组 Bacmid DNA 转染 Sf9 细胞，操作方法按照厂商转染试剂操作说明书进行，在 28℃的条件下进行培养。

6）重组杆状病毒的收获和增殖。转染 72h 后，细胞出现肿胀、变圆等致细胞病变效应（CPE），收获转染上清液，分装成小份至无菌冻存管中，此即含重组病毒的原代毒种，置 4℃或−80℃保存。将 Sf9 细胞传代，选取 24h 后生长成丰度为 80%的细胞，弃生长液，接种 0.1mL 原代毒种，加入含 2%胎牛血清的细胞维持液，在 27℃的条件下培养 72h，收取培养液上清，此即第 2 代毒种，按同样的方法收获第 3 代毒种。

7）将重组病毒进行空斑滴定，测定重组杆状病毒滴度。

8）将 Sf9 细胞中制备的重组病毒按照 5MOI 接种于 High Five™ 细胞，用细胞摇瓶进行培养，培养条件设定为温度 28℃，摇床转速 90r/min 进行病毒抗原的大量扩增。

9）重组杆状病毒表达的病毒抗原，利用 Western blot 方法进行鉴定。

3. 利用酵母表达系统表达病毒抗原　　酵母是一种单细胞低等真核生物，酵母表达系统具有原核表达的周期短、成本低廉、易操作等优点，以及真核细胞对蛋白质的空间折叠、翻译后修饰等能力，在工业微生物中应用较广泛。酵母表达系统的基本方法如下。

1）将病毒蛋白目的基因克隆至酵母表达载体（如 pPICZα）的多克隆位点，转化 *E. coli*（DH5α）后进行酶切鉴定或 PCR 鉴定及测序。

2）提取上述重组质粒 DNA 用 *Pme* I 单酶切以线性化，重悬于双蒸水中。

3）线性化重组质粒用电穿孔法转化酵母感受态细胞，涂布于含有博莱霉素的培养板，置 30℃培养 2～10d 至有菌落出现。

4）挑选电转化获得的菌落，进行菌液 PCR 鉴定。

5）提取质粒 DNA，操作方法按照厂商提供的说明书进行。

6）质粒 DNA 用 *Pac* I 进行限制性内切酶图谱分析，重组成功者产生 3000bp 或 4500bp 片段。

7）鉴定成功的重组酵母菌株，挑选 10～20 个克隆进行小规模诱导培养，鉴定病毒抗原的表达量，随后挑选高水平表达菌株进行大规模诱导培养以制备病毒抗原。

8）重组酵母表达的病毒抗原，利用 Western blot 方法进行鉴定。

4. 利用哺乳动物细胞表达系统表达病毒抗原　　哺乳动物细胞表达系统具备蛋白质折叠和翻译后修饰功能，其表达的重组蛋白在分子结构、理化性质和生物学功能方面最接近于天然的高等生物蛋白质分子，更有可能获得与天然分子相同的生物活性。由哺乳动物细胞表达的蛋白质，在活性方面远胜于原核表达系统及酵母、昆虫细胞等真核表达系统，更接近于天然蛋白，可用于表达复杂糖基化的蛋白质。常用的几种用于表达蛋白质的哺乳动物细胞株有 CHO 细胞、骨髓瘤细胞株、COS 细胞、HEK293 细胞等。哺乳动物细胞表达病毒抗原可利用质粒转染方法和病毒载体的感染方法。利用质粒转染可进行简便快速的瞬时表达，或获得稳定的转染细胞持久稳定表达蛋白；病毒表达载体的种类主要有逆转录病毒（retrovirus）、腺病毒（adenovirus）、腺相关病毒（adeno-associated virus，AAV）、痘病毒（vaccinia virus）等。哺乳动物细胞表达的方法如下。

1）根据选择的表达细胞的密码子偏好性对病毒蛋白目的基因进行密码子优化，并且针对特定功能的 motif、重复序列、GC 含量及 mRNA 的二级结构等综合考虑优化。

2）病毒抗原目的基因克隆至哺乳动物表达载体的多克隆位点；或将携带目的基因的病毒载体转染入包装细胞株，获得有感染能力的病毒颗粒。

3）重组质粒的制备，操作方法按照质粒提取试剂盒厂商提供的说明书进行。

4）重组质粒转染合适的哺乳动物细胞，采用电转化、脂质体转染等方法，按照转染试剂厂商提供的说明书进行。或以上述获得的病毒载体感染宿主细胞。

5）转染（感染）后 24～48h，利用免疫荧光或 Western blot 方法鉴定病毒抗原的表达。

5. 病毒抗原制备技术知识点关联 病毒抗原制备技术知识点关联图如图 12-1 所示。

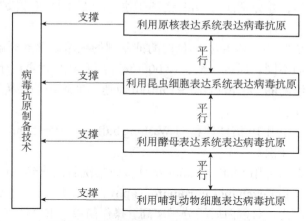

图 12-1 病毒抗原制备技术知识点关联图

二、病毒抗原的纯化技术

病毒抗原的纯化是病毒学研究和应用中的一个关键步骤。纯化后的病毒抗原在疫苗开发、诊断试剂生产及基础科学研究中具有重要意义。纯化技术的选择通常取决于抗原的特性、纯度要求和应用目的。常见的纯化技术包括离心、沉淀、层析、超滤、透析等。

1. 病毒抗原的浓缩

（1）离心法 离心法利用高速旋转产生的离心力，使样品中的颗粒按密度和大小分离。离心法常用于初步分离和浓缩病毒抗原，步骤如下。

1）样品准备：将病毒培养液或裂解液放入离心管中。

2）离心：根据样品性质选择适当的离心速度和时间。

3）收集：离心后收集沉淀物（含有病毒抗原）或上清液（含有其他成分）。

离心法操作简单，适用于大体积样品的初步处理。但分离效果有限，难以达到高纯度。

（2）沉淀法 沉淀法通过改变溶液的条件（如 pH、盐浓度、有机溶剂）使蛋白质沉淀析出。常用的沉淀剂包括硫酸铵、乙醇、丙酮等，步骤如下。

1）添加沉淀剂：向样品中逐渐添加沉淀剂，控制加料速度和温度。

2）孵育：在特定温度下孵育，使蛋白质沉淀。

3）离心：离心收集沉淀，弃去上清液。

4）重溶：将沉淀重新溶解在缓冲液中。

沉淀法同样操作简单，适合大体积样品的初步纯化，但选择性低，可能需要进一步纯化。

2. 亲和层析（affinity chromatography） 亲和层析在病毒抗原纯化中较为常用，以蛋白质和结合在介质上的配基间的特异性亲和力为工作基础。亲和层析的分离原理是通过将具有亲和力的两个分子中一个固定在不溶性基质上，利用分子间亲和力的特异性和可逆性，对另一个分子进行分离纯化。亲和力具有高度的专一性，使得亲和层析的分辨率很高，是分离病毒抗原的一种理想的层析方法。病毒抗原在表达时，可以在蛋白质的 N 端或 C 端加上 6×His、GST、Flag 等标签，利用亲和层析方法进行纯化。

（1）层析柱的准备　　在层析柱中加入 1mL Ni-NTA 介质（或 GST 介质等），使树脂自然沉降，柱中液体流尽，并分别使用 8mL 去离子水、8mL 上样缓冲液洗涤，以去除附着的乙醇。让柱中液体流尽。

（2）重组蛋白的裂解　　利用含 1×蛋白酶抑制剂的细胞裂解液裂解细胞，裂解缓冲液根据细胞类型的不同而不同。通过 4℃，12 000r/min 离心获得含重组蛋白的裂解上清液。

（3）上柱　　将澄清的上清液以 10～15mL/h 流速上准备好的层析柱，调整柱的流速，最大为每小时 5 倍柱体积。

（4）洗脱杂蛋白　　用 10 倍柱体积的 Washing buffer 以 10～15mL/h 的流速洗柱，柱中液体流尽。继续洗柱约 4 次。

（5）洗脱目的蛋白　　用 Elution buffer 洗柱，收集洗脱液直到柱中液体流尽。

3. 离子交换层析（ion-exchange chromatography，IEC）　　离子交换层析在病毒抗原的层析技术使用较为广泛，对蛋白质的分辨率高，操作简单，重复性好，成本低。病毒蛋白的等电点是进行离子交换层析的重要依据。离子交换层析中，基质是由带有电荷的树脂或纤维素组成。带有负电荷的称为阳离子交换树脂；而带有正电荷的称为阴离子树脂。阴离子交换基质结合带有负电荷的蛋白质，所以这类蛋白质被留在纯化柱上，然后通过提高洗脱液中的盐浓度等方法，将吸附在纯化柱上的蛋白质洗脱下来。结合较弱的蛋白质首先被洗脱下来。反之阳离子交换基质结合带有正电荷的蛋白质，结合的蛋白质可以通过逐步增加洗脱液中的盐浓度或是提高洗脱液的 pH 洗脱下来。

（1）离子交换树脂的选择　　阴离子交换树脂用于处理净电荷为负的蛋白质；阳离子交换树脂用于处理净电荷为正的蛋白质。

（2）层析柱的填装　　首先使干燥的树脂溶胀，将树脂装入柱中，然后用样品缓冲液浸泡树脂达到交换平衡。

（3）离子交换　　首先通过离心或滤膜过滤获得样品的澄清液，然后样品上柱，上样量要适当，不要超过柱的负荷能力。

（4）洗脱　　首先使用 3～10 倍柱体积的样品缓冲液持续流过离子交换树脂柱，可带走不与树脂结合的蛋白质，使之与吸附在树脂上的蛋白质分离。然后通过改变溶液的 pH 或改变离子强度的方法利用梯度洗脱分离纯化蛋白质。

4. 凝胶过滤层析（gel filtration chromatography）　　凝胶过滤层析是一项重要的蛋白质纯化技术，又称为大小排阻、凝胶排阻、分子筛。凝胶过滤层析根据蛋白质分子大小不同而达到分离效果，凝胶过滤填料中含有大量微孔，只允许缓冲液和小分子量蛋白质通过，而大分子蛋白质及一些蛋白质复合物则被阻挡在外。因此高分子量蛋白质在填料颗粒间隙中流动，比低分子量蛋白质更早地被洗脱下来。凝胶过滤所用的凝胶孔径大小的选择主要取决于要纯化的病毒抗原分子量。

（1）凝胶的填装　　首先使脱水的干粉凝胶溶胀，将凝胶混悬物倒入层析柱，注意在装柱过程中不要产生气泡，随后用几倍柱体积的缓冲液洗涤层析柱，以使其稳定和平衡。

（2）样品上柱　　上样前，样品须经 0.2μm 的滤膜过滤或通过离心获得澄清液。样品应该高度浓缩，体积应尽量小（为柱体积的 1%～5%），否则将降低分离效果。

（3）洗脱　　缓冲液流经层析柱进行洗脱直至目的蛋白被检出为止，通常用蠕动泵控制层析柱的流速，注意泵的压力不要超过凝胶的耐受程度。

5. 病毒抗原纯化技术知识点关联　　病毒抗原纯化技术知识点关联图如图 12-2 所示。

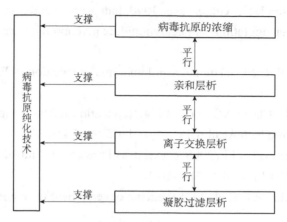

图 12-2　病毒抗原纯化技术知识点关联图

在病毒抗原的纯化技术介绍中，我们探讨了多种方法和步骤，以提高病毒抗原的纯度和活性。这些纯化技术涵盖了从离心、层析到超滤、沉淀等多种方法，每种方法都有其独特的优缺点，适用于不同类型和规模的样品处理。通过综合运用这些技术，可以获得高质量的病毒抗原，为疫苗研发、疾病诊断和基础研究提供坚实的基础。在未来的病毒学研究和应用中，我们将继续探索创新的纯化技术，以满足不断增长的科学需求，为人类健康和福祉做出更大的贡献。

本章思考题

1. 病毒抗原的制备方法有哪些？请对比几种常见方法（如细胞培养、转基因植物表达系统等）的优缺点，并讨论选择制备方法时应考虑的因素。

2. 在病毒抗原纯化过程中，层析技术是一个重要的环节。请解释亲和层析、离子交换层析和凝胶过滤层析的基本原理，并说明它们在抗原纯化中的应用。

3. 为什么抗原的免疫原性对抗原制备来说很重要？在制备过程中，如何确保最终得到的抗原具有良好的免疫原性？

4. 抗原在储存和运输过程中可能会发生降解或变性，从而影响其效果。请讨论如何通过化学修饰或其他技术手段提高病毒抗原的稳定性。

主要参考文献

曹雪涛. 2018. 医学免疫学. 7 版. 北京：人民卫生出版社.

Artenstein A W，Poland G A. 2012. Vaccine history：The past as prelude to the future. Vaccine，30：5299-5301.

David M K，Peter M H. 2013. Fields Virology. 6th ed. Philadelphia：Lippincott Williams & Wilkins.

Itakura K，Hirose T，Crea R，et al. 1997. Expression in *Escherichia coli* of a chemically synthesized gene for the hormone somatostatin. Science，198（4321）：1056-1063.

Kilbourne E D，Johansson B E，Grajower B. 1990. Independent and disparate evolution in nature of influenza A virus hemagglutinin and neuraminidase glycoproteins. Proc Natl Acad Sci USA，87（2）：786-790.

Markowitz L E，Unger E R. 2023. Human papillomavirus vaccination. N Engl J Med，388（19）：1790-1798.

Morrow J F，Cohen S N，Chang A C，et al. 1974. Replication and transcription of eukaryotic DNA in *Escherichia coli*. Proc Natl Acad Sci USA，71（5）：1743-1747.

Rimmelzwaan G F，McElhaney J E. 2008. Correlates of protection：novel generations of influenza vaccines. Vaccine，26（Suppl 4）：D41-D44.

Saleh A，Qamar S，Tekin A，et al. 2021. Vaccine development throughout history. Cureus，13（7）：e16635.

Teo S P. 2022. Review of COVID-19 mRNA vaccines：BNT162b2 and mRNA-1273. J Pharm Pract，35（6）：947-951.

第十三章 病毒基因组的生物信息学分析

🔆 **本章要点**

1. 通过学习病毒基因组的生物信息学分析，理解并掌握高通量测序数据中发现和描述已知及未知病毒种类的方法，为新病原体的发现和分类提供技术支持。

2. 通过学习病毒基因组的发现与分类策略，熟悉国际病毒分类委员会（ICTV）的标准，学会基于实验结果判断新病毒种，并能应用于流行病学调查和疫苗设计，增强其在公共卫生领域的应用能力。

随着测序技术手段的高速发展，病毒基因组的数量呈指数增长，病毒学研究也逐渐步入信息大数据时代。本章对常见的基于病毒基因组的生物信息学方法进行介绍。

第一节 病毒组学分析和新病原发现

病毒组学分析从获得高通量测序的结果开始，通过组装和比对，将样品内包含的所有或部分病毒序列进行系统鉴定和归类，从中发现已知病毒种类或者新的病毒种类并加以描述，并且能够基于所有发现的病毒种类和丰度开展样品间的生态学比较。

一、病毒宏基因组的数据处理和组装

主要从宏基因组、宏转录组、宏病毒组的测序数据中发现和描述已知和未知的病毒种类，或者综合性地描述整个病毒组。

（一）高通量数据的质控和过滤

1）使用 Fastp 或 Trimmomatic 等软件去除测序结果中的低质量 reads（短序列片段）。

2）使用 BBMap 去除 reads 中的载体序列、标签序列及非特异性序列。

3）使用 Cd-Hit 去除完全重复的 reads。

4）使用 Bowtie2 或 BWA 软件去除与宿主基因组或转录组对应的 reads。

5）使用 BLASTn 软件比对核糖体 RNA 数据库，去除与细胞生物核糖体 RNA 对应的 reads（针对宏转录组数据）。

（二）高通量测序数据的组装

1. 无参考序列的组装（*de novo* assembly） 使用 Trinity（宏转录组）、SPAdes（宏基因组、宏转录组、病毒组）或 MEGAHIT（宏基因组、宏转录组、病毒组）进行无参考序列的组装。设置内存、CPU 资源及最小 contig（重叠群序列）长度（默认 200bp）。

2. 有参考序列的组装（reference-guided assembly） 适用于已有参考序列的病毒序列组装，使用 Bowtie2 等软件将 reads 直接映射到参考基因组上。基于映射的结果，选取共识序列作为病毒的基因组。

二、病毒的发现和分类

在没有参考序列的情况下进行组装后，会产生大量的病毒相关序列，需要从中筛选出病毒来源的序列，并对这些序列进行物种注释（分类）。同时，依据国际病毒分类委员会（ICTV）或自定义的标准来判断所发现的病毒是否属于新的病毒种（species）。

（一）基于 *de novo* 组装流程的病毒发现

1. 比对与筛选 使用 Diamond BLASTX 软件将组装好的 contig 与 NCBI 的 NR/nr 数据库进行比对，保留 bitscore 分值最高的 5 个比对结果。

2. 获取详细的分类学信息 获取所有 BLAST 结果的详细分类学信息（taxonomy lineage information）。

3. 筛选潜在的病毒基因组序列 基于比对结果的分类学信息，筛选潜在的病毒基因组序列或序列片段。

4. 排除假阳性和内源性病毒元件 使用 BLASTn 软件将潜在病毒的序列与 NCBI 的 nt 数据库或相关的宿主基因组数据库进行比对（仅保留与目标宿主相关的比对结果），以排除假阳性和内源性病毒元件。

5. 进一步组装或融合病毒相关序列 将剩余的病毒相关序列进行再次组装或融合（merge），以获得更长、更完整的病毒基因组序列。

（二）基于原始 reads 的无组装病毒发现流程

该流程计算速度快，适用于病毒谱明确的样本（如人类样本），不适合新病原发现。

1）用 BLASTn 软件将指控和过滤后的 reads 与 NCBI 的 reference virus genome 数据库进行比对，保留 5 个 bitscore 分值最高的比对结果。

2）获得所有 BLAST 结果的详细分类学信息（taxonomy lineage information）。

3）统计各个病毒目（order）、科（family）或者属（species）层面的 reads 数量用于 taxonomy profiling。

4）针对部分 reads 数量少的病毒开展基于病毒基因组 mapping 的验证分析，排除假阳性。

（三）病毒的分类和新病毒的鉴定

病毒的多样性丰富，基因组序列差异大，分类标准（尤其是科和目层面）高度不同，因此需要对病毒（尤其是新病毒）进行分类。

1）用 CD-HIT 软件对同种病毒的序列进行聚类和合并（一般病毒种的阈值设定在 80% 的核酸同源性）。

2）将每个聚类单元的病毒序列与其遗传关系最近的参考序列进行全基因组序列相似性（sequence identity）的比较，并基于比较的结果确认发现的病毒属于新病毒还是已知病毒的种类。

3）对于新病毒进一步开展种间系统进化分析（详见第二节），确认其在病毒目（order）、科（family）或者属（species）层面的分类学地位。

三、病毒基因组的完善与功能注释

拼接后产生的病毒基因组序列信息通常不够完整，或者存在着拼接错误，需要进一步验证以获得最终的序列信息。

（一）病毒基因组序列的修正

1）用 Bowtie2 软件将 reads 映射到拼接好的病毒序列，检查序列覆盖率不均匀的位置和组装错误的碱基。

2）使用 BLASTn 软件将病毒序列比对到宿主基因组、NR/nr 数据库或载体数据库，检查是否有载体、宿主或细胞来源的序列片段被错误地组装到病毒基因组上。

3）基于 Mapping 的结果，延长已有的病毒 contig 序列，寻找病毒 5′端和 3′端的保守序列，从而获得全长基因组。

（二）分节段病毒基因组序列的寻找

部分 RNA 病毒类群的基因组分 2～12 个节段。因此，在找到包含保守基因的节段后，还需要在 contig 中寻找该病毒的其他节段，从而获得完整的病毒基因组。

1）在同源性高的情况下，可以通过与已知病毒的序列同源性寻找到一部分的节段。

2）在同源性低的情况下，可以通过以下三种方法来寻找可能的节段：①不同节段末端具有相同或类似的保守序列；②一个病毒的不同节段的丰度值往往相近，在同一个数量级；

③如果有不同样本，那么同一种病毒的不同节段一定会同时出现。

（三）病毒序列的注释

1）参照相近来源的病毒参考基因组，预测新病毒的开放阅读框（ORF）组成与分布，以及可能存在的核糖体移码（ribosomal frameshift）或终止密码子通读（stop codon read-through）等特殊情形。

2）通过同源性比对，以及保守结构域的比对，寻找和病毒生活周期密切相关的"元件"，如 RdRp、核衣壳蛋白、表面糖蛋白等。

3）通过信号肽、糖基化位点和跨膜结构域的预测，判断新病毒基因组中可能的表面糖蛋白。

四、病毒组的生态学比较

该步骤对样本内的整体病毒多样性进行系统性的描述，并针对不同环境、宿主、时间、地域采集的样本开展相关的生态学比较。

（一）病毒载量和丰度的计算

1）将所有的病毒序列按照物种（species）或操作分类单元（OTU）进行聚类。

2）用 Bowtie2 软件对这些序列进行映射，并基于此计算每一个样本中每一种单元类群的丰度，形成一个样本和种类（OTU）的丰度矩阵（abundance matrix），用于下游的生态学分析比较。

3）根据每个种类或 OTU 的分类学信息，总结样本在病毒属、科或目水平的物种的分类学组成（taxonomy profiling）或相对丰度信息。

（二）病毒组多样性的比较

1）基于丰度矩阵，比较样本间或者分组间的 α 多样性：包括物种数目（richness）、丰度（abundance）及均匀度（evenness）。

2）使用欧几里得（Euclidean）距离、布雷-柯蒂斯（Bray-Curtis）距离、未加权的 uniFrac（unweighted_unifrac）和加权的 uniFrac（weighted_unifrac）等统计学算法来计算各样品间的差异，进而获得多样性的距离矩阵。这些距离矩阵可用于 β 多样性的分析，并可通过主成分分析（PCA）、非度量多维标度分析（NMDS）等方法进行可视化统计。

第二节　病毒的进化分析

病毒的进化分析研究的是病毒的起源、演变及这些变化如何影响病毒的特性、传播。通过比较和分析病毒的基因组序列，建立数学模型来模拟和预测病毒系统中的动态行为，从而全面揭示病毒的进化过程和规律，为病毒防控和治疗提供科学依据。

一、病毒进化树的构建

病毒进化树的构建是一个系统的过程，旨在通过比较和分析病毒的基因组序列来揭示它们之间的进化关系和亲缘关系。以下是病毒进化树构建的简要步骤。

（一）病毒参考序列和对应信息的收集

1）选择适当数量的参考序列和目标序列一起构建进化树，序列选择的标准包括：①序列的数量适中，一般不超过 500 条；②序列的选择既有和目标序列遗传距离近的，也有相对较远并且能代表目标序列周围的遗传多样性的序列，不建议参考序列中存在大量高度相似的序列；③选择适当的外群序列作为进化树的根，平衡拓扑结构。

2）记录序列相关的时间、地理和宿主信息，便于后期开展比较。

（二）序列的比对

1）种内基因序列构树（病毒序列来自同一个种）：核酸序列比对前先用 MEGA 软件翻译成蛋白质序列，比对后，再转换回核酸序列进行进化树构建。

2）种内基因组序列构树：基因组序列（DNA）用 Mafft 软件直接比对。

3）种间蛋白质序列构树：蛋白质序列用 Mafft 软件进行比对。

4）比对结束后，用 Trimal 或者 Gblock 软件去除非同源区域或者比对质量不佳的区域后，再进行进化树的构建。

（三）进化树的构建

1）用 modeltest 等软件开展核酸（种内）或氨基酸（种间）替换模型的选择。

2）基于最佳替换模型构建进化树时，可以采用最大似然法（如使用 PhyML 软件）或贝叶斯法（如使用 MrBayes 软件）来进行构建。最大似然法构建的进化树可以通过 Bootstrap（ML）或 SH-like test（ML）进行检验，而贝叶斯法构建的进化树则通过显示节点上的后验概率（posterior probability）来反映分支的支持程度。

二、病毒基因组的重组分析

基因重组是指不同毒株或不同病毒基因间的 DNA 或 RNA 互相组合，形成新的毒株的过程。在病毒进化中，基因重组扮演着至关重要的角色，它是病毒遗传变异和进化的主要手段之一。基因重组能够使病毒快速地适应不同的宿主和生存环境，逃避宿主免疫系统的攻击，导致治疗和预防上的困难。重组分析是基于比对后的病毒种内序列的集合。以下是病毒基因组重组分析的简要步骤。

1）使用自动检测重组序列的软件，如 RDP 等展开重组检验。

2）找到潜在的重组株后，通过 Simplot 软件确定重组位点和不同重组区域的亲本序列。

3）把比对序列根据确认过的重组位点分成不同的区域，对每个区域进行进化树的构建，再基于不同区域的进化树结构的不同来验证重组信号。

三、病毒适应性进化分析

病毒适应性进化是指病毒在不断变异和繁殖过程中，能够适应不同环境和宿主的变化。这种适应性进化对于病毒的存活、传播和致病性具有重要影响。通过对病毒的遗传变异和适应性进化进行分析，可以揭示病毒与宿主之间的相互作用及病毒的传播和流行规律。利用诸如 PAML、Hyphy 等分析软件，基于比对后的病毒基因序列可以评估：①病毒基因是否受到正选择压力（适应性进化）；②病毒基因在什么位点受到正选择压力；③病毒基因在哪个进化时段发生正选择压力（分支-位点模型）。

四、病毒和宿主间相互关系分析

病毒与宿主间的相互作用是一个动态的过程，二者之间的关系是对立统一的辩证关系。一方面，病毒依赖宿主细胞进行复制和繁衍；另一方面，宿主细胞通过防御机制和免疫系统对病毒进行攻击和清除。这种相互作用的结果取决于病毒和宿主之间的相对优势和适应性。以下是病毒和宿主间相互关系分析的简要步骤。

1）构建病毒进化树和宿主进化树。其中病毒和宿主的序列是一一对应的关系。

2）用 BATS 等软件检验宿主在病毒进化树上的分布是否有聚类现象，还是随机分布的，验证病毒跨物种传播的强度。

3）用 Treemap、Jane 等软件比较病毒和宿主的进化树，检验病毒和宿主共分化的假说。

第三节　病毒的生态学和分子流行病学分析

病毒的生态学和分子流行病学分析为理解病毒的传播、变异和进化提供了重要视角。生态学分析关注病毒在生态系统中的角色和与其他生物的相互作用，而分子流行病学分析则利用分子生物学技术揭示病原体的遗传变异和传播规律。这两个领域的研究结果互为补充，共同为传染病的预防和控制提供科学依据。

一、分子钟模型的检验和分歧时间的估计

分子钟模型是估算物种或基因家族间分歧时间的重要工具。通过合理的模型选择和校准方法，可以获得较为准确的分歧时间估计，为生物进化研究提供有价值的线索和参考。

（一）基于时间差的分歧时间估计

1）获取每条序列的采集时间。

2）通过序列的计算时间和遗传距离之间的相关性来检验分子钟模型。

3）若分子钟模型成立，通过 BEAST 等软件计算进化树各分支的分歧时间。

（二）基于共进化的分歧时间估计

1）验证病毒和宿主共分化的假说。

2）若共分化假说成立，找到病毒和宿主共分化的关键结点。

3）这些结点将被赋予宿主分化的时间，进而计算病毒进化树上其他结点的分歧时间。

二、地理传播分析

地理传播分析是通过进化树和每条序列所在的位置信息，重建病毒传播的过程。该分析不仅能展示病毒在不同地理位置间的传播路径，还能揭示传播速度和时间等动态特征。地理传播分析的结果在公共卫生、疾病防控等领域具有重要应用价值。

（一）BEAST 软件中的传播分析模型

使用 BEAST 软件进行贝叶斯进化分析，时间树构建，而后根据每条序列所在的位置信息，重新复原病毒传播的过程。

BEAST 软件中的传播模型包括以下两种。

1. 连续模型（continuous model） 连续模型基于地理距离进行分析，适用于病毒在连续地理空间中传播的情况。模型将地理位置作为一个连续变量，估计病毒传播的路径和速度。

2. 不连续模型（discontinuous model） 不连续模型将地理位置视为离散的点，适用于病毒在特定地理区域间传播的情况。此模型中，传播可以设置为有方向的（directional）或者没有方向的（non-directional），主要取决于数据的统计功效（power）。

（二）地理传播路径的可视化

1）使用 SPREAD3 软件与 BEAST 软件结合使用，可将 BEAST 的分析结果进行地理可视化展示。

2）Nextstrain（https://nextstrain.org/）是一个开源项目，不仅提供持续更新的公开数据可视化结果，同时也提供了强大的分析和可视化工具，可同时进行地理传播分析和可视化。

（三）时间和传播路径结合分析

BEAST 软件可以将时间信息和地理传播路径结合起来，提供高分辨率的传播过程估计。例如，利用 BEAST 可以重建病毒从起源地传播到各个地区的时间顺序和路径，为理解病毒的传播动态提供关键证据。

（四）数据解读的谨慎性

尽管 BEAST 等工具非常强大，但地理传播分析仍然是一个单数据的问题。这意味着分析结果高度依赖于所用的数据集，因此在解析相关结果时必须非常谨慎。误差可能来自序列的采样偏倚、地理信息的准确性及模型假设的合理性等方面。

三、病毒的种群遗传学分析

种群遗传学分析是研究病毒在种群中的遗传变异及其进化动力学的科学。通过对病毒种群遗传学特征的分析，可以了解病毒进化的模式、种群规模的变化及选择压力等。

（一）BEAST 软件中的种群遗传学模型

使用 BEAST 软件可通过贝叶斯进化分析、种群规模变化估计、时间树构建进行病毒进化研究、种群遗传学分析、种群历史重建等。对于大规模数据集，可使用 BEAST 的升级版本 BEAST2，其能提供更多的模型和分析功能。

BEAST 软件中的种群遗传学模型包括如下几种。

1. 常有效种群大小模型（constant population size model）　此模型假设种群大小在整个进化过程中保持不变，适用于种群大小稳定的情况。

2. 变化的种群大小模型（flexible population size model）　此模型允许种群大小在进化过程中变化，可以适应不同时间段种群规模的波动。常用的方法包括 Skyline Plot 分析，能提供种群大小随时间变化的动态图。

3. 群体扩展模型（expansion growth model）　此模型假设种群经历了快速扩张，适用于突发疫情等情况。通过此模型，可以估计扩张的速率和时间。

（二）贝叶斯分析结果的后处理和可视化

使用 Tracer 软件可对 BEAST 生成的样本进行汇总和分析，评估参数的收敛性。

（三）时间标度的种群动力学分析

BEAST 能够将分子钟模型（molecular clock model）应用于种群遗传学分析，结合时间标度，提供种群规模变化的历史重建。这种结合使得研究者能够更精确地了解病毒进化过程中的种群动态。

（四）分析结果的解读

种群遗传学分析结果的解读需要结合具体的生物学背景和流行病学数据。数据的准确性、模型选择的合理性及分析方法的适用性都是影响结果的重要因素。因此，在解读结果时应充分考虑这些因素，并在必要时与其他分析方法进行交叉验证。

本章思考题

1. 高通量测序技术的发展如何改变了病毒学研究？请描述从原始测序数据到病毒基因组组装的基本流程。

2. 在病毒宏基因组学研究中，如何区分病毒序列与宿主或其他微生物的序列？请介绍至少两种用于去除非病毒序列的方法。

3. 如何利用生物信息学工具进行新病毒的发现？请阐述从数据处理到新病毒种类描述的整体流程。

主要参考文献

Bolger A M，Lohse M，Usadel B. 2014. Trimmomatic：a flexible trimmer for Illumina sequence data. Bioinformatics，30（15）：2114-2120.

Bouckaert R，Vaughan T G，Barido-sottani J，et al. 2019. BEAST 2.5：an advanced software platform for Bayesian evolutionary analysis. PLOS Computational Biology，15（4）：e1006650.

Buchfink B，Reuter K，Drosth G. 2021. Sensitive protein alignments at tree-of-life scale using DIAMOND. Nature Methods，18（4）：366-368.

Camacho C，Coulouris G，Avagyan V，et al. 2009. BLAST+：Architecture and applications. BMC Bioinformatics，10（1）：421.

Chen S，Zhou Y，Chen Y，et al. 2018. Fastp：an ultra-fast all-in-one fastq preprocessor. Bioinformatics，34（17）：i884-i990.

Conow C，Fielder D，Ovadia Y，et al. 2010. Jane：a new tool for the cophylogeny reconstruction problem. Algorithms Mol Biol，5：16.

Darriba D，Posada D，Kozlov A M，et al. 2020. ModelTest-NG：A new and scalable tool for the selection of DNA and protein evolutionary models. Molecular Biology and Evolution，37（1）：291-294.

Drummond A J，Rambaut A. 2007. BEAST：bayesian evolutionary analysis by sampling trees. BMC Evolutionary Biology，7（1）：214.

Fu L，Niu B，Zhu Z，et al. 2012. CD-HIT：accelerated for clustering the next-generation sequencing data. Bioinformatics，28（23）：3150-3152.

Grabherr M G，Haas B J，Yassour M，et al. 2011. Full-length transcriptome assembly from RNA-seq data without a reference genome. Nat Biotechnol，29（7）：644-652.

Guindon S，Dufayard J F，Lefort V，et al. 2010. New algorithms and methods to estimate maximum-likelihood phylogenies：assessing the performance of PhyML 3.0. Syst Biol，59（3）：307-312.

Kosakovsky P S L，Poon A F Y，Velazquez R，et al. 2020. HyPhy 2.5-A customizable platform for evolutionary hypothesis testing using phylogenies. Mol Biol Evol，37（1）：295-299.

Langmead B，Salzberg S L. 2012. Fast gapped-read alignment with Bowtie 2. Nature Methods，

9（4）：357-359.

Li D，Liu C M，Luo R，et al. 2015. Megahit：an ultra-fast single-node solution for large and complex metagenomics assembly via succinct de Bruijn graph. Bioinformatics，31（10）：1674-1676.

Li H，Durbin R. 2009. Fast and accurate short read alignment with Burrows-Wheeler transform. Bioinformatics，25（14）：1754-1760.

Lole K S，Bollinger R C，Paranjape R S，et al. 1999. Full-length human immunodeficiency virus type 1 genomes from subtype C-infected seroconverters in India，with evidence of intersubtype recombination. Journal of Virology，73（1）：152-160.

Martin D P，Varsani A，Roumagnac P，et al. 2021. RDP5：a computer program for analyzing recombination in，and removing signals of recombination from，nucleotide sequence datasets. Virus Evolution，7（1）：veaa087.

Prjibelski A，Antipov D，Meleshko D，et al. 2020. Using SPAdes de novo assembler. Current Protocols in Bioinformatics，70（1）：e102.

Ronquist F，Teslenko M，van der Mark P，et al. 2012. MrBayes 3.2：efficient Bayesian phylogenetic inference and model choice across a large model space. Syst Biol，61（3）：539-542.

Wang T H，Donaldson Y K，Brettle R P，et al. 2001. Identification of shared populations of human immunodeficiency virus type 1 infecting microglia and tissue macrophages outside the central nervous system. J Virol，75（23）：11686-11699.

Yang Z. 2007. Paml 4：phylogenetic analysis by maximum likelihood. Molecular Biology and Evolution，24（8）：1586-1591.